[法]安娜-索菲·吉拉尔 玛丽-阿尔迪娜·吉拉尔 著
田禾 译

Anne-Sophie Girard +Marie-Aldine Girard
LA FEMME PARFAITE
EST UNE CONNASSE!

喜欢自己的不完美

时代出版传媒股份有限公司
北京时代华文书局

图书在版编目（CIP）数据

喜欢自己的不完美 /（法）吉拉尔 (Girard,A.),（法）吉拉尔 (Girard,M.) 著；田禾译. -- 北京：北京时代华文书局, 2015.8
ISBN 978-7-5699-0546-5

Ⅰ.①喜… Ⅱ.①吉… ②吉… ③田… Ⅲ.①女性－人生哲学－通俗读物 Ⅳ.① B821-49

中国版本图书馆 CIP 数据核字 (2015) 第 220134 号

北京市版权著作权合同登记号　字：01-2014-6081

© Éditions J'ai Lu, Paris, 2013

喜 欢 自 己 的 不 完 美

著　者｜[法]安娜-索菲·吉拉尔　玛丽-阿尔迪娜·吉拉尔
译　者｜田　禾

出 版 人｜杨红卫
选题策划｜胡俊生
责任编辑｜胡俊生　杨　洋
装帧设计｜未　泯
版式设计｜赵芝英
责任印制｜刘　银

出版发行｜时代出版传媒股份有限公司 http://www.press-mart.com
　　　　　北京时代华文书局 http://www.bjsdsj.com.cn
　　　　　北京市东城区安定门外大街 136 号皇城国际大厦 A 座 8 楼
　　　　　邮编：100011　电话：010 - 64267955　64267677

印　　刷｜三河市祥达印刷包装有限公司　0316 - 3656589
　　　　　（如发现印装质量问题，请与印刷厂联系调换）

开　本｜880×1230mm　1/32
印　张｜7.5
字　数｜134 千字
版　次｜2015 年 11 月第 1 版　2015 年 11 月第 1 次印刷
书　号｜ISBN 978-7-5699-0546-5
定　价｜36.00 元

版权所有，侵权必究

献给母亲、父亲，还有"女孩们"*，以及所有那些让我们成为不完美女人的人们。

---

* 她们的年龄大约是介于15岁至30岁之间的女性，她们需要找到一种存在感，需要被他人注意和肯定。
——译者

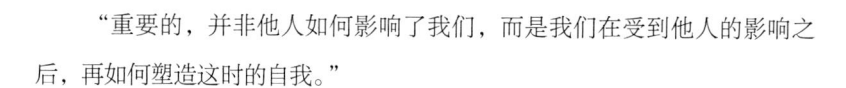

"重要的,并非他人如何影响了我们,而是我们在受到他人的影响之后,再如何塑造这时的自我。"

让-保罗·萨特(Jean-Paul Sartre)

"成功是从一个失败到另一个失败,而依然不减其热情。"

温斯顿·丘吉尔(Winston Churchill)

前言

大家好！

请恕我直言：您读到了这本书，真的是非常幸运，就如同我很有幸有一天结识了吉拉尔双胞胎姐妹一样。

那是在巴黎普朗琐餐厅，一个任何惊喜和意外都有可能发生的地方。比如，你可以在那里聆听到阿巴合唱团（ABBA）的经典歌曲，那就是最好的证明。

一天晚上，我正一个人孤单地在这个餐厅里坐着，突然有人热情地向我伸过来一只手，那个人就是安娜-索菲，她像个迷恋舞蹈的青春期的少女一样，向我发来了邀请："来吧！让我们一起跳支舞吧！"当时我还不认识她，也不认识她的双胞胎的妹妹玛丽-阿尔迪娜。当然，不一会儿，我就很快也见到了后者。然而，从那时起，我就和这对双胞胎姐妹再也没有分开过。

吉拉尔双胞胎姐妹希望这本书真正能够给社会带来一些东西。虽然本书的目录看似简单又随意，但却涵盖了本书所谈及的很多重要课题。因为我们只有接纳不完美，才能日臻于完美！

本书是为了感谢所有那些为女性的权利而奋斗、勇敢真诚地继续成就着这一事业的女士们！应该承认，一条手机短信所涉及的内容和问题，有时和传递一条以呼吁世界和平为主题的信息具有一样的重要性。请相信我，阅读这本书是迈向更美好生活的第一步。

你们或许会好奇我是谁。我并非什么特别的人物，只是安娜-索菲和玛丽-阿尔迪娜的一位好友。因为我曾一度感叹自己未能构思出这样的一本书，她们便请我为这本书撰写序言。而且，最后我想补充一个在书中没有提起的好办法：假如你的生活一直阴云密布，你的心中总是阴雨绵绵，请你勇敢地看着镜子中的自己，伸出一只手，然后对自己说："来吧！让我们一起跳支舞吧！"我保证，这个方法一定有效！

克里斯蒂娜·贝鲁

自 序

这是一本不完美女人的指南。

而这个不完美的女人就是你和我!

一个普通、正常的女人,身上都会有一些缺点和毛病,甚至性格有点神经质。(是的,没错……我们可以谈论一下女人的神经质!)

事实上,我们一直希望自己看起来能像那些杂志上、电视剧中、电影里的女性,或者就只是像一些我们日常生活中常接触到的女人一样,她们似乎在任何方面比我们都要成功,而相形之下,她们也让我们觉得自己一无是处……

然而,我们也付出过许许多多的努力!做出了不少牺牲,耗费了许多时间,就只是希望自己能变得更完美……然而,这其实才是我们的问题所在:一直希望成为梦寐以求那个"完美无缺"的女人!

因为，你需要认识到一点，**完美的女人并不正常！**

这本书就旨在消除你心中的罪恶感！

所以，你可以从此书中获得如何更好地做一个不完美的女人的秘诀。

（如果此书也能让那些男士们更好地了解我们，那就是一举两得了！）

你自身的情况可能并不会符合每个章节里所描述的情景……

但是，在这本书中，每个人一定都能够从中找到自己的影子！

虽然我们永远都不可能成为完美无缺的女人，尽管我们并不完美，但是就让我们依然乐此不疲、乐在其中吧！

目 录

第一条守则

"一不做，二不休"...002

"一不做，二不休"可以满足你的不同需求...004

刘海仪式...006

第二条守则

虽然会令我们感到有些难为情，但是我们却很喜爱的歌曲的清单...009

听到上述歌曲时的注意事项...011

米歇尔的退休聚餐...013

如何判断自己已经"老得不适合再做出那些傻乎乎的事"了呢？...015

西尔弗德雷克等级表...017

如果按照十个等级的分类标准，你是属于哪个等级的呢？...019

完美的女人懂得如何招待客人...021

完美女人的客套话...022

第三条守则

失败的假期...025

我们都好像患上了易饥症！...027

花生罐的放置原则...029

第四条守则

这样的女售货员真差劲！...032

拍照时必做的姿势...034

如何在拍照时总是表现出最完美的自己呢？...036

怎样知道你过着悲催的生活呢？...038

第五条守则

醉酒后如何维护自己的尊严和形象呢？...041

测试：你是哪一种类型的饮酒者呢？...043

我生病了！...045

第六条守则

可能会让我们"寸步难行"的鞋子...048

谁可以在凌晨三点仍然穿着高跟鞋呢？...050

女人间的嫉妒...051

如何选择发到脸谱上的作为个人头像的照片呢？...053

当完美的女人唱英文歌的时候，她们可以把全部的歌词都唱下来！...055

就是唱法语歌，我们也会遇到问题...057

作为胖瘦变化参照的牛仔裤...059

第七条守则

我是公主，公主才不便便呢！...062
面对长得不好看的小婴儿该做何反应...063
完美的女人都擅长照顾绿色植物...065

第八条守则

那些不愿承认的令人感到难为情的事...067
自己不愿承认的感到很丢人的事（请自行填写）...069
"指甲油脱落"理论...070
如何和前男友的新女友相处呢？...072
性感诱惑的女人/ 不性感诱惑的女人...073
你是哪一类性感诱惑的女人呢？...075
吸烟严重危害身体健康...077

第九条守则

在夜总会禁止做的事...080
这是我自己做的！...082
斯嘉丽·约翰逊（Scarlett Johansson）理论...084

第十条守则

不要班门弄斧...087

一些奇怪的表达方式…089

每天吃五种蔬菜和水果，谁能够做到呢？…092

第十一条守则

短消息 —— 我的第二种语言…094

用法语解读短信的内容…096

如何让你的女性朋友当众下不来台？…098

第十二条守则

明天，一定要开始锻炼身体！…100

脸谱社交网站或者说"怎样让我们相信他们过着美妙的生活"…102

办公室里的自动咖啡机的"复杂性"…104

周五不行……因为我要看真人秀节目《秘密故事》的结局…106

我们不依靠别人…108

第十三条守则

我绝对需要一台"面包机"！…111

你所收到的很糟糕的礼物…113

我们收到的礼物的实际情况…115

禁止赠送的礼物清单…116

完美的妈妈们…118

第十四条守则

什么？！你没有保留好票据？！...120

那些很失败的"跨年夜"...122

当……当……当当……，当……当……当当……...124

如何为婚礼助兴...126

"是谁放的屁？！"...128

第十五条守则

那些女孩子只吃沙拉……...131

醉酒之后禁止发送的短信...132

中学时的校花变丑了...134

梅格·瑞恩的错...137

第十六条守则

那些反常吸引我们的男人们（AP）...140

对男性朋友在社交网上的照片分析...142

令人想逃离的第一次约会...144

第十七条守则

同性恋/非同性恋...146

鲨鱼男...148

如何让男人对你的表现感到惊讶和佩服...150

否决权的原则...152

不适用行使否决权的例外情况...154

第十八条守则

想更了解男人的女士们的备忘录...159

假装不在意的策略...162

第十九条守则

不要马上就给他回电话，否则他会认为自己吃定你了...165

三日原则...167

第二十条守则

第二十一条守则

如何判断这个男人对于我们来说太年轻、不成熟...171

第一个晚上可不可以……...173

为什么我当时和他上床了呢？...175

第二十二条守则

"半软"症...178

没什么大不了的，每个人都会遇到……...180
无地自容...182
告诉我你有多少性伴侣，我会告诉你你是什么样的人...184
性伴侣的清单...185

第二十三条守则

蛋蛋，我爱你！...188
救命啊！我的男友穿洞洞鞋！...190
禁止穿幽默T恤...192

第二十四条守则

我们不喜欢贝克汉姆一家...194
救救我吧！我的男友是个吝啬鬼！...195

第二十五条守则

今晚，不得不履行伴侣义务...198

第二十六条守则

不想听到答案就不要问的问题的清单...203
唉！我有外遇了！...205
如何知道他想和我们分手...207

第二十七条守则

被你伤害一次,是你的耻辱!被你伤害两次,是我的耻辱!...210

第二十八条守则

分手短信范例...213

唉,他有外遇了!...216

第二十九条守则

分手:痛苦的七个阶段...219

分手:痛苦的七个阶段(作者们的版本)...221

对待前任的规则...222

第三十条守则

谢辞...224

第一条守则

如果你有一头很细的棕黑色的直发,黯淡无光又稀疏,请不要拿出一张金色卷发女模特的照片,并且要求理发师给你剪出一样的发型。

"一不做，二不休"

每逢周一，我们就提醒自己："好吧，这一周，一定要克制自己！"

可是接下来，早上一到办公室，巧克力面包就向我们抛媚眼，我们也不由自主地被它们吸引住了。美食的诱惑真是令人无法抗拒，又悲剧了！

你可能会说："多吃一个巧克力面包，这也没什么大不了的。"确实如此！

然而此时，在你的意志力最薄弱的时候，脑海里不时涌现出的想法就是"干脆一不做，二不休"：

"那就这样吧，一不做，二不休，我要再吃一个巧克力面包！"

"我能帮你吃完这些薯条吗？怎么啦，别大惊小怪的？！反正都已经吃了这么多，再多吃一点也无妨……"

"哎呀！我往咖啡里加糖了！唉，好吧，既然已经这样了，干脆我再点一个香蕉船冰淇淋吧*！"

> ⚠️
>
> "一不做，二不休"并非是你的敌人！相反，它让你偶尔"逾矩"，随心所欲一下，以避免出现过度的自责和过多的负罪感。这难道不是更重要的吗？

---

* 请参考第027页《我们都好像患上了易饥症！》这一章节。

"一不做，二不休"可以满足你的不同需求

"我上班快要迟到一小时了……既然如此，干脆请一天的假，自己来安排这一天。"

"这个星期都没有去健身房……既然如此，一不做，二不休，今年也不再去了。"

"本来都快没钱了，可是又买了一条新裙子……一不做，二不休，再买一双和这条裙子搭配的鞋子和一个包包。"

"男朋友不在的时候，他的手机响了，我帮他看了看电话是谁打来的……既然这样，那就再帮他看一看短消息。"

"把一个手指甲给弄断了……既然这样，我就再咬咬其他的手指甲。"

"我吻了那个男孩子……一不做，二不休，我还会和他上床。"

"刚刚借别人的烟，吸了一口……既然这样，干脆就把那一包烟都抽完。"

"我犯傻给那个男生发了一条语无伦次的短信,他会把我当成神经病……既然如此,我还要给他家的电话留言,再在他家的大门上留下一张便利贴。"

"我参加了一档真人秀节目……既然这样,我还会拍些裸露的照片,给《会晤》(*Entrevue*)这样的杂志做封面女郎。"

刘海仪式

一个女人一生中会经历一些阶段性的关键时期。各种各样的成人礼，就是一个女孩向成人的过渡阶段的标志性的仪式。

其中大家最为熟知的是

"刘海仪式"

第一步：

在一本杂志上，看到凯特·摩丝（Kate Moss）剪了一种刘海。

第二步：

拿把剪刀，走进浴室。

第三步：

自己修剪刘海。

第四步：

剪完后一照镜子，发现自己变丑了，就忍不住号啕大哭起来。

第五步：

怪罪自己的男友/姐妹/闺蜜："你们怎么能让我做出这样的傻事！"

第六步：

在脸谱face book上就此事发布一条状态。

作者们的注释：

女性对于发型的迫切要求被列为"一级紧急需求"。

第二条守则

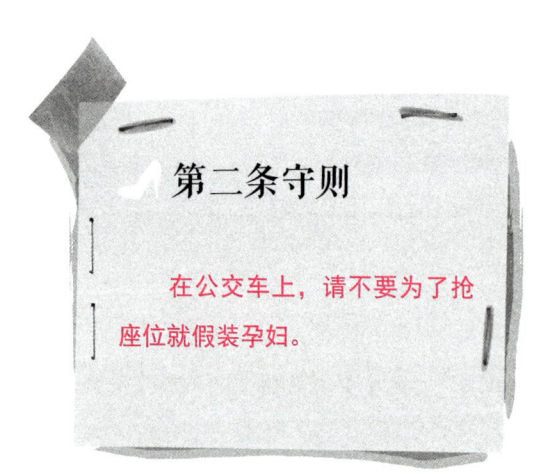

在公交车上,请不要为了抢座位就假装孕妇。

虽然会令我们感到有些难为情，但是我们却很喜爱的歌曲的清单*

- 《想成为》（*Wannabe*）辣妹组合（Spice Girls）
- 《自由女性》（*Femme libérée*）丁格勒饼干乐队（Cookie Dingler）
- 《上帝给我信仰》（*Dieu m'a donné la foi*）欧菲丽·温特（Ophélie Winter）
- 《当你爱我时》（*Quand tu m'aimes*）赫贝·莱昂纳尔（Herbert Léonard）
- 《名扬四海》（*Fame*）伊琳娜·卡拉（Irene Cara）
- 《我将永远追随你》（*Je te survivrai*）让-皮埃尔·弗朗西斯（Jean-Pierre Francois）

---

* 此清单未能详尽列出所有此类歌曲的曲目，这份歌单也引起了作者之间的激烈争论。让历史作证吧……

- 《不讲客套》(*La bonne franquette*) 埃赫柏赫·巴咖尼 (Herbert Pagani)
- 《爱的初告白》(*Baby One More Time*) 布兰妮·斯皮尔斯 (Britney Spears)
- 《你生命中的女人》(*Toutes les femmes de ta vie*) L5女子组合
- 《那一道阳光》(*Le coup de soleil*) 理查·科香堤 (Richard Cocciante)
- 《此生无悔》(*The Time of My Life*) 电影《辣身舞》(Dirty Dancing) 的主题曲
- 《棕色头发的女人不在乎她们头发的颜色》(*Les brunes comptent pas pour des prunes*) 莉欧 (Lio)
- 《为了让你依然爱我》(*Pour que tu m'aimes encore*) 席琳·迪翁 (Celine Dion)
- 《像你一样的女人》(*Femme like you*) 喀马诺 (k. maro)
- 《告诉我更多》(*Tell me more*) 歌舞喜剧电影《油脂》(*Grease*)

最著名的一首歌曲：

- 《你会忘记我》(*Tu m'oublieras*) 拉吕索 (Larusso)

听到上述歌曲时的注意事项

· 大声喊出："我超爱这首歌！"

· 挥舞着手臂喊道："哇哦！！"

· 激动地站到座椅/桌子/舞台上。

· 给闺蜜打电话，要让她听听这首歌，并且追问："嗨，嗨，你听出来是什么歌了吗*？！……"

· 牵起旁边人的手，疯狂地跳跃。

· 大声地跟着唱出歌曲结尾部分。

· 在脸谱上发一条状态："哈哈哈！！刚才听到了[歌曲名称]。实在是太酷啦！！！"

---

* 需要提前针对这样的令我们感到有些难为情，但是我们却很喜欢的歌曲做一个秘密调查，而且调查结果显示出："别人都听不出来是什么歌！"

· **对着镜子，自己重新再唱一遍。**

· 要去见见DJ（唱片骑士），还要告诉他（她），他（她）太太太专业了！！！

· **激动地跳进闺蜜姐妹的怀里，因为这是属于"我们的歌"。**

· 开始跳起"咱们的特色舞蹈"。

（之前在一位女性朋友家的客厅里练过一些动作，包括躺在地上的准备动作和/或托举的动作）

米歇尔的退休聚餐

每个人都有同事,我们先暂且称呼这个同事为米歇尔。(因为叫"米歇尔"这个常见名字的同事比较多;你难道没有听过"嗨!我向你介绍我的同事米歇尔"吗?)

不过,现在我们的同事米歇尔要退休了……

参加他的退休聚餐时的小技巧:

· 主动收集份子钱,这样一来就没有人知道你没有出钱。

· 拿上桑德里娜的30欧元,再加上自己的5欧元,然后把这35欧元递给收钱的同事,并且说道:"这是桑德里娜和我一起出的35欧元。"

本着同样的想法:

· 只给那些会回送你礼物的同事,送去生日礼物。

· 在餐馆买单的时候，自己主动提出把大家凑的钱收起来去付款。因为如果幸运的话，大家多付的小费和多出的一部分钱，可能就免去了需要你出的那一份钱。

> ⚠
> 也要当心！如果碰到一些忘记付酒钱和咖啡钱的人，你就得支付比自己原先预计更多的钱……

如何判断自己已经"老得不适合再做出那些傻乎乎的事"了呢？

因为我们不会再像下面这样度过自己的业余时光了：

· 周五和周六连续两天狂欢派对。

· 打扮得像"某种职业工作者*"去夜总会。

· 在威士忌里兑可乐，然后灌到塑料瓶中，以便带在路上喝。

· 在夜总会的停车场喝开胃酒。

· 为了省去存放衣服的钱，直接穿着单薄的衣服出门，冻得瑟瑟发抖。

· 在最靠近舞台的"乐池区"听一场说唱歌手的演唱会。

· 听一场说唱歌手的演唱会（仅此而已）。

· 站在夜总会的桌子上。

---

* 某种职业的工作者=妓女

- 比赛喝啤酒。

- 喝一种8.6度的啤酒或者是其他的廉价啤酒（最好是温啤酒）。

- 因为自己身上的钱还不够买一杯龙舌兰，在酒吧里喝别人杯子里喝剩的酒。

- 爱上夜总会的调酒师。

- 在外面一直待到第二天早上五点半，等待搭乘第一班公交车回家。

- 晚会结束回到家后，再来一顿"大吃特吃"的夜宵（但是不会长胖）。

- 在一个好友家打地铺过夜。

- 晚上睡在车里。

- 晚上熬夜。

西尔弗德雷克等级表

人类也有一种等级的划分表。

一种非常简单的可以给自身和他人划分层次的等级表（这个等级表的等级是从第一个等级逐步递增到第十个等级）。

尽管我们无法确定这个等级表具体的起源时间，但是它的历史可以追溯到第二纪冰川时期。

> **关于西尔弗德雷克等级表的小故事**
>
> 我们把"西尔弗德雷克等级表"也称为"西尔弗德雷克判例"。据传说，博比·西尔弗德雷克（Bobby Silverdrake）是明尼苏达州的一个青年农民，虽然其貌不扬（等级五），却娶到了天生丽质的凯丽·纽曼（Kelly Newman，等级九）。在1961年的高中毕业舞会上，她曾当选为最美丽的舞会皇后。

那是在1962年的夏天（一个酷热的夏天），纽曼的宠物小猪"碧姬"落入了一个池塘中，幸好是博比救了小猪一命……此后，在所有人的眼中，博比立即成为了一个英雄（等级八）！

没有人能够确认这个传说的真假，但是，它却让所有天生被列为了等级五的人们，对自己的未来充满了希望。

⚠️

·请按照心中的等级目标来要求自己平常的举止和行为，而不是以自己现在的等级为标准。如果你是等级六，请表现得像等级七！

·请不要忘记，没有什么是一成不变的，你的等级层次也会发生变化！请记住博比·西尔弗德雷克的事例……

如果按照十个等级的分类标准，你是属于哪个等级的呢？

人们总是很难对自己做出一个准确的判断。那么，为了帮助你给自己打分，请不要犹豫，问问身边人的意见吧！

"如果满分为10分，你会给我打多少分呢*？"

> **如何计算自己的分数呢？**
>
> 自己给自己打的分数 + 别人为你打的分数
> ----
> 总分除以2
>
> =
>
> **真正的分数**

---

* 请注意，对于没有心理准备的人来说，某些回答结果可能会引起你的强烈反应！尤其是当我们自己内心对分数的期望值是8分，而后却得知朋友给我们打出的分数是2分，这会让我们在心理上感到很受伤。

几个基本原则：

·一个分数为6分的人通常会选择和一个分数为5或者是5+加的人谈恋爱。

·如果一个分数为6分的人和一个分数为8分的人谈恋爱，前者的分数就可以被算为7分（自己的分数和另一半的分数的平均值）。

·反之亦然：如果一个分数为9分的人和一个分数为7分的人交往，前者的分数就自动被计算为8分。

·一个有无穷潜质的5分，有时还要优于一个勉强及格的6分。

·在原本准备给一个人打6分的情况下，经过旁人的一番解释说明，可能给这个人打出一个7分。（反之亦然）

完美的女人懂得如何招待客人

当完美的女人在家宴请宾客的时候,她们愿意亲自花上一整天的时间精心烹制丰盛的美味佳肴。而且,经过她整理布置的房间,就好像出自于"绝望主妇"中紫藤巷(Wisteria Lane)的住宅里美轮美奂的家居布置一样。

相反的,不完美的女人在家接待朋友的时候,会不停地重复:"家里有些乱,请不要介意!"

而且,在她们的家中,找不出两个相同的杯子[可能需要您在绘有巨灵神(Goldorak)或者布尔和比利(Boule et Bill)的卡通形象的杯子里做出选择],甚至也没有准备什么吃的东西,因为"吃饭会影响到大家减肥的效果!"。

> 请不要忘记,即使我们把我们的接待方式看作是"不讲客套"或者"比较随意",我们身边的完美女人也一直在审视、评价着我们哪!

完美女人的客套话

"这些小套房还不错嘛!你看,和我的复式套房相比,显得更温馨!"

> 她想表达的意思是:你的公寓肯定更便宜!

"哦,我看到你带来了一瓶香槟酒!是一种起泡葡萄酒吗?啊,是的,心意最重要……"

> 她想表达的意思是:早知道这样,我就带一瓶便宜的葡萄酒了。

"别开玩笑了!我吃一点蟹肉棒就够啦!我喜欢晚上吃得清淡一些。"

> 她想表达的意思是:是的,完美的女人十分注重礼貌。

"鱼子酱开胃菜的味道真不错,我怀疑这道菜不是维罗妮卡亲自做的!我要给她扣掉两分!"

她想表达的意思是:是的,完美女人常常忘记,自己并不是在参加"完美晚餐"(*un diner presque partait*)的真人秀节目。

"家里的地上找人铺上了亚麻油地毡,你不介意穿上可以保护地板的袜套吧!"

不予评论。

第三条守则

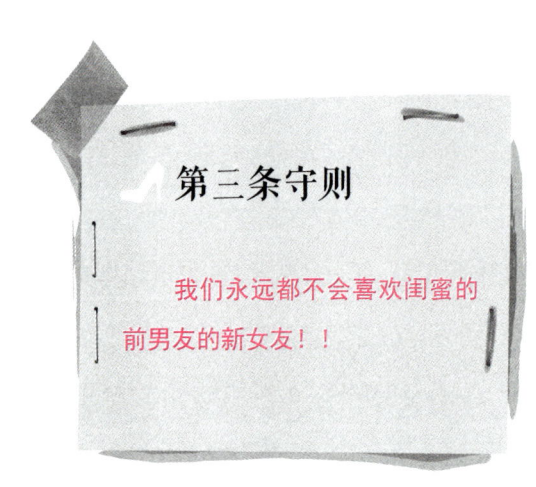

我们永远都不会喜欢闺蜜的前男友的新女友！！

失败的假期

我们常常有这样的一种印象：别人的假期是那么的美好——在一个天堂般的地方和非常棒的人一起共度美妙的假期。

这是一种错误的想法！

> 事实上，在某一天，大家都经历过，或者正在体验，或者将会遭遇到一些"**失败的假期**"。

例如：

· 学习微笑的训练。

· 在洛特省内景色单调平庸的地区徒步旅行。

· 和同事米歇尔（请参考第013页内容）一起合住平房旅馆。

· 独自一人前往中央公园家庭式度假村。

· 大雨天参观塔尔恩峡谷。

· 在驿站旅馆住了三天。

· 旅游路线：参观游览工业城市鲁贝市和它的工业区。

<u>完美女人十分做作的话：</u>

"我认为，如果你没有在当地居民的家里生活过，你就不算真正地感受和认识了一个地方。"

"真奇怪，你的皮肤怎么没有被晒成古铜色的呢？！"

"你在泰国待了一个月，还不能流利地说泰语吗？！"

我们都好像患上了易饥症！

节食减肥的时候,"抑制不住的想要吃东西的欲望"可能会让我们做出下面的这些举动：在冰天雪地中只穿件睡衣就跑出家门,步行一公里只为了找到一块奶酪,或者一板巧克力。

因为了解自己,怕自己禁不住食物的诱惑,嘴巴里总是想吃东西,你就把吃剩的巧克力蛋糕丢进了垃圾桶。

这样做也是无济于事！

我们多少的节食减肥的姐妹们,最后忍不住甚至会把蛋糕从垃圾桶里再捡回来！！

所以,你除了把蛋糕丢到垃圾桶里以外,还必须随即就把垃圾桶拿到外面倒干净！

> ⚠️
>
> 请注意：你可以把漂白剂或消毒水倒在上述那些诱人的食物的上面，这样一来，那些食品就无法再食用了。（就像在美剧《慾望城市》(*Sex and the city*)的某个剧集中，米兰达把洗碗液倒在了巧克力蛋糕的上面。）

花生罐的放置原则

喝开胃酒的时候，为了抵挡美食的诱惑，一定要把桌上的花生罐放在距离你大概有80厘米的地方！

花生罐摆放位置示意图

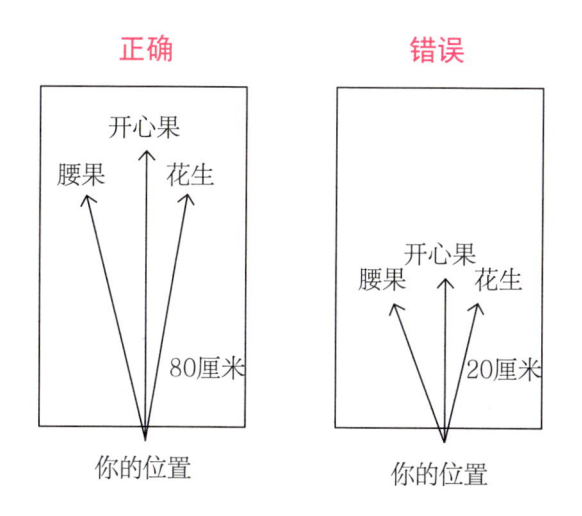

正确

开心果
腰果　花生
80厘米
你的位置

错误

开心果
腰果　花生
20厘米
你的位置

> ⚠
>
> 同样,在餐馆就餐时,坚决不要看甜点菜单,哪怕"只是瞟一眼"!!

第四条守则

在公众场合,一定不要像这样说:"我觉得海绵宝宝,他好性感哦!"

这样的女售货员真差劲!

· 当你问她有没有40码（L）的衣服的时候，她竟然这样回复你：**"哎，抱歉，大尺码的衣服总是卖得很快！"**

· 当这位服装搭配不协调的售货员提到你念念不忘的一款大衣时，竟然说：**"我也买了同样的一件哦！"**

· 当她说：**"只剩下32码（XS）和34码（S）的了。"**

· 当她向我们宣布："打折促销活动今天上午就结束了。"

· 当她拒绝给我们退换衣服，理由是因为衣服上的商标被我们剪掉了。

· 当她带着质疑的眼光看着我们，并且告诉我们：**"真皮的同款可是贵得多了哦！"**

· 当我们跑遍整个城市，才找到这家店铺的时候，她让我们吃了闭门羹，她的解释是：**"商店19：00点关门，到了时间就要关门！"**

· 当她的态度让我们产生一种感觉—— 奢侈品商店不是我们应该进

的地方*。

· 当我们问她有没有41码的鞋子的时候,她对我们说:"哎,抱歉,这是女士的款式。"

· 当她穿上我们刚试穿过的衣服后变得高挑,而我们穿起来显得矮胖。

在上述的情况下,我们认为这样的售货员实在是差劲!

---

* 请参考电影《风月俏佳人》(*Pretty Woman*)中的情况。

拍照时必做的姿势

拍照时，我们都十分熟悉一些"拍照姿势和表情"，不过，还是让我们来做一个简单的小结回顾：

建议的姿势：

· 眨眼

· 手臂伸向空中

· 嘟嘴亲吻

禁止采用的姿势：

· 竖起大拇指

· 摆出剪刀手

· 用剪刀手模仿兔子耳朵

· 所有粗俗的或者具有性暗示的姿势动作

⚠

　　一张和谐的集体照的关键就在于成员之间的姿势动作的协调性，所以个人不要摆出什么标新立异的动作和姿势！

　　·在拍照之前，成员们要先达成一致。在一张原本会很成功的集体照上面，某个人做出了一个滑稽的鬼脸，那就真是悲剧了！
　　·如果其他的女孩都比你苗条，请你不要穿着比基尼和她们一起拍合照！
　　·在确定选用哪一张集体照之前，请你留意看看其他人的拍照效果！如果在整张照片上，除了你其他人都闭着眼睛，而这时你十分激动地喊出"这张照片拍得太棒了！！"，万一碰到这样的情况，就会令人感到尴尬不已了。

如何在拍照时总是表现出最完美的自己呢？

还有一些我们并不十分熟悉而完美的女人早已驾轻就熟的拍照姿势技巧：

- "玛丽亚·凯莉"（Mariah Carey）摆拍技巧

"玛丽亚·凯莉"摆拍技巧也被称为"手臂摆姿技巧"。

当你站在一个物体前面时，将手放在胯部，同时胳膊肘向后适当内收。这样，你的手臂看起来会显得更瘦。

- 卡尔·拉格菲尔德（Karl Lagerfeld）拍照技巧

卡尔·拉格菲尔德拍照技巧，就是拍照时用舌头顶着上腭。这样的小动作不会引人注意，但是可以避免拍出"双下巴"。

- **"防止腿压扁的拍照技巧"**

正如名称中所指出的一样,这种摆拍技巧,就是当我们坐着拍照的时候,为了避免腿压扁,显得腿比较粗,我们可以注意稍稍抬高点大腿就可以了。

请注意:你一定会有同感,把这些宝贵经验分享给他人,显示出的是一份慷慨和自信!

所以,也值得你这样去做!

怎样知道你过着悲催的生活呢?

- 独坐镜前吃饭。

- 给你的猫咪过生日。

- 跨年时你只收到一条祝福短信,是由电信公司发给你的。

- 知道所有省会和专区的名称。

- 在聚友网(My Space)上唯一的好友,就是网站的创始人汤姆[*]。

- 依然每天都上着聚友网。

- 每当电视文字游戏节目《闭嘴拼字》(*Motus*)要开始的时候,你会感到既兴奋又开心。

- 在记事本上写下:"周日给冰箱冷冻室除霜。"

---

[*] 最初,对于每位聚友网上的新用户,该社交网站的联合创始人汤姆·安德森(Tom Anderson)都会自动成为他们的首位好友,后来这项添加功能被取消。——译注

· 收集法国电视一台节目（如 *pin's parlant*）的宣传胸章。

· 在你的车的后视镜挂柄上，挂着一个毛绒玩具福蒂克斯[*]。

· 购买了90年代的全套美剧《德州巡警》（*Walker, Texas Ranger*）。

· 只为了能够打破一项纪录而训练（什么纪录都无所谓）。

· 被同一街区的孩子们叫做"爱猫狂人"。

· 女儿在公众场合称你为"夫人"。

· 狗狗总是跟在你的身后，和你保持三米远的距离。

· 共事了六年的同事对你说："你在这里工作吗？"

---

[*] 福蒂克斯（Footix）是1998年法国世界杯吉祥物。——译注

第五条守则

　　我们再也不穿白色的大衣了！（别逗了？！你还敢穿白的大衣吗？即使穿着黑色的大衣，你们也会把袖子弄脏的！）

醉酒后如何维护自己的尊严和形象呢？

在多少宴席、酒会、还有生日聚会上，你不知不觉中好几杯酒下肚，就已经醉意朦胧了呢？此时，你不得不承认：你已经完完全全喝醉了！

注意事项一：

喝醉酒后，不要太靠近别人说话，或者朝别人脸上吹气……

注意事项二：

喝醉酒后平衡感变差，别忘了利用任何一些可以起一定的支撑作用，并且使你保持平衡的人或者事物：酒吧柜台、墙壁、保安……

注意事项三：

不要不停地重复说："我喝醉了！！嗨！嗨！我真是喝醉了！"

（你想想，没有必要重复说自己喝醉了，这是显而易见的啊！）

宴会之中喝醉酒的不同程度

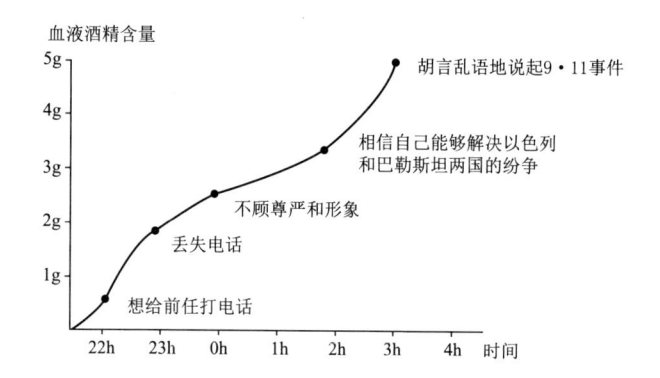

血液酒精含量
- 5g 胡言乱语地说起9·11事件
- 3g 相信自己能够解决以色列和巴勒斯坦两国的纷争
- 2g 不顾尊严和形象
- 丢失电话
- 想给前任打电话

时间：22h、23h、0h、1h、2h、3h、4h

测试：你是哪一种类型的饮酒者呢？

（针对饮酒的人的测试[*]）

你喝酒：

A. 只有圣西尔韦斯特节的晚上才喝[**]

B. 周末偶尔会喝

C. 除了周日以外，从周一至周六都喝

你会要：

A. 基尔酒

---

[*] 本书的主要内容也是为她们而写的啊！
[**] 12月31日是圣西尔韦斯特节（法语：la Saint-Sylvestre），一年中的最后一天。——译者

B. 一种鸡尾酒：由墨西哥龙舌兰酒、杜松子酒和伏特加酒混合而成

C. 你已经喝醉了的时候，再要些什么就都无所谓了

你有时：

A. 会微醉

B. 喝醉了

C. 醒来后，发现自己一个人躺在一家肮脏的汽车旅馆的房间里，身上穿着一件体恤，上面写着："欢迎来到明尼苏达州。"

测试结果：

结果其实并不重要，只是为了让你们做一个简单的测试哦！我们也想借此机会，在这本书中用上"微醉"和"明尼苏达"这两个词。

我生病了！

干净清爽，精神状态尚可，鼻头有点发红……当完美的女人生病时，也会注意保持风度，不失态。

我们可以想象，她们身穿漂亮的睡衣，脚穿厚厚的保暖羊毛袜，专门喝些药草茶调理身体。

与此同时，我们的鼻子发红好似蒜头鼻，迷迷糊糊的双眼好像生了病的腊肠犬的眼睛，眼睛里流出黏液，这样的神情仿佛在说："快来了结了我吧！"

我们生病了，已显而易见！

> ⚠️ 我们每个人都有可能出现一种潜在的疑病症的症状：怀疑自己患了某种比较严重的疾病。

"什么?!当然胳膊肘也可能患癌了!!"

"我送给自己的圣诞节礼物是一次核磁共振检查。"

"你们觉得是我想太多,可是我还是认为,昨天我的脑动脉瘤破裂了。"

第六条守则

请不要再用"当时,我完全喝醉了……"作为句子的开头。

可能会让我们"寸步难行"的鞋子

女人们都喜欢,而且特别偏爱穿高跟鞋!

但问题在于,两者之间彼此的喜爱并不是相互的!

然而,完美的女人是如何做到一整晚都踩着高跟鞋呢?

而我们,蹬了两小时的高跟鞋以后,我们的脚趾个个肿得就像香肠似的了……

"穿着高跟鞋时,感觉就像穿着拖鞋一样啊!"

别骗人啦!

让我们更客观一些吧!

·即使穿着著名的鲁布托牌(les Louboutins)的高跟鞋,脚也会疼的!

·别让我们误以为,高跟鞋不离脚的维多利亚·贝克汉姆的双脚不会被12厘米高跟鞋磨破(生出老茧、鸡眼……)甚至弄变形。

·那些能轻松熟练地穿着高跟鞋的女孩子们,她们的身高一定低于160厘米[*]。

---

[*] 那些身高本来是介于150厘米和159厘米之间,但是在身份证上面登记的身高却是160厘米的女人。

谁可以在凌晨三点仍然穿着高跟鞋呢?

伴随着晚会的进行,穿着高跟鞋的时间越长,就越难再继续坚持下去!哪些女人可以一直穿着高跟鞋,直至深夜呢?

女性穿着高跟鞋时间的科学图表

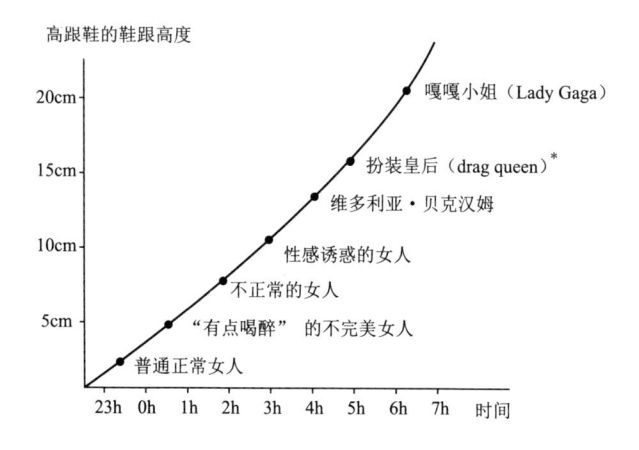

高跟鞋的鞋跟高度

- 20cm —— 嘎嘎小姐(Lady Gaga)
- 15cm —— 扮装皇后(drag queen)*
- 维多利亚·贝克汉姆
- 10cm —— 性感诱惑的女人
- 不正常的女人
- 5cm —— "有点喝醉"的不完美女人
- 普通正常女人

时间:23h 0h 1h 2h 3h 4h 5h 6h 7h

---

* 参考维基百科:扮装王后,或异装王后、易装王后,或称为扮装/异装者,指通过穿女性服装来扮演女性的男性。——译者

女人间的嫉妒

嫉妒心理是人类的天性，嫉妒自己的女性朋友也是人之常情。

所以，我们也不必自欺欺人……如果你从来没有嫉妒过别人，这并不正常。如果你曾产生过嫉妒心理，请你放心，其他人和你一样，也有过和你同样的心理感受……

·谁没有在假期结束返回时，看到自己的女伴没有像自己一样晒出漂亮的古铜色皮肤，而有点暗自高兴呢？

·谁没有在得知自己的女伴成功瘦身5公斤以后，就马上要开始节食减肥呢？

·当她的女伴刚刚和男友分手，哪一个单身女孩没有这样想过："终于，有朋友可以陪我一起出去了！"

·谁没有因为和自己的女伴相比，一个男孩更喜欢自己而感到过一点得意呢？

·在得知一位女伴胖了3公斤之后,谁不曾努力控制自己不要笑出来呢?

·谁从来没有这样对她的女伴说过,她穿这条裙子很漂亮,而实际上,她看起来像个小胖猪呢?

如果你对上述所有的问题的回答是"我没有!",那么,要么你在说谎,要么你就是有些不正常……坦白地说,谁更糟糕,还真不好说呢!

如何选择发到脸谱上的作为个人头像的照片呢？*

请注意哦，放在脸谱上的个人头像照片可能是你的一位十五年未见的朋友对你留下的第一印象，所以，在选择照片的时候，你一定要注重策略**！

可以优先考虑有点故作神秘、又带点性感的个人照片，这样的照片似乎意味着："瞧瞧，我是一个自由、幸福、美好的女人！"

建议避免选用的照片：

· 泳装照，这相当于在你的脸上写着："一个轻浮的女人"。

· 和你男友的合照，除非他真的很帅！

---

* 请参考第036页上的《如何在拍照时总是表现出最完美的自己呢？》这一章节。

** 国内读者的QQ、微信等可参照此文。——编注

·和你的宠物猫咪的合照，尤其是如果那只宠物猫咪已经不幸离世了的话……

> ⚠️
>
> 请注意，不要选择上传一张自己"最最靓"的照片，因为要让照片看起来可信度比较高！你也可以避免在今后和别人接触或会面的时候，令对方产生失望的情绪。

当完美的女人唱英文歌的时候,她们可以把全部的歌词都唱下来!

那些从来没有像这样"Fust awat afraidawil pré tufried(富斯特·阿瓦提·害怕艾维尔·普黑图弗瑞德)*"唱过英文歌的人,若是听到我们这样的唱法,恐怕会向我们丢来石头啦!**

是的,我们采用的是"酸奶式唱法"***,不过,重要的是我们还是能唱出歌曲的结尾部分的呀!

---

* 这样演唱您的歌曲,葛洛莉雅·盖诺(Gloria Gaynor)女士,请多多包涵啊!

** 此处作者指用不标准的英文发音唱歌。——编注

*** 根据维基百科说法:"酸奶式唱法",就是在演唱时,即兴发出一些声音,唱出一些无意义的拟声词和音节。这样的唱法可以给人造成一种感觉:你是在用某种真实存在的语言歌唱。

"Lalalala…I was petrified…Lalalalalalalala…By my side…"

这样演唱的时候，关键要表现出一副很自信又很有灵感的样子！

别再犹豫了，大胆尝试一下吧！别忘了，可能大多数的情况下，我们身旁的人也并不知道那些歌曲的歌词。

> ⚠️
>
> 请不要在讲英语的国家里采取这样的唱法，因为你这样假装唱英语歌很快会被发现的，而且也会令你和身边的人都感到有点尴尬。

就是唱法语歌，我们也会遇到问题

我们就是唱法语歌的时候，也会随意唱出一些无意义的音节和拟声词，这样歌词的意义就会变得大相径庭。

就是像这样唱的：

"魔鬼的萨尔萨舞（La Salsa du Démon）"变成了"狄乐波的萨尔萨舞（La Salsa Dilebo）"

"艾斯特班、斯齐亚、达奥、黄金之城（Esteban, Zia, Tao, les cités d'or）"变成了"艾斯特班喊道：哇偶！黄金之城（Esteban, cria: Whaou! Les cités d'or!）"

"啦啦啦……我要去里约热内卢（Lalala.....Je vais à Rio）"变成了"啦啦啦…… 我微笑着亲吻（Lalala.....Je baise en riant）"

"这是我的儿子，我的奋斗（C'est mon fils, ma bataille）"变成了"这是我的儿子，玛玛达也（C'est mon fils, Mamataye）"（"玛玛达也"，这莫非是儿子的名字吗？）

> ⚠️ 有时候，不明白自己唱的是什么意思，也是有好处的。因为，某些歌曲被翻译过来之后，反而可能会令人失望。
>
> **《性爱机器》（SEX MACHINE）/詹姆士·布朗（James Brown）**
>
> "Get up, Get on up, Get up, Get on up, Stay on the scene, Get on up, Like a sex machine, Get on up."
>
> "起身吧，来吧，起身吧，来吧。不断在舞台上表演，好像机器一样，来吧。"

作为胖瘦变化参照的牛仔裤

在我们的衣柜里,有这样的一条牛仔裤,我们把它作为检测自己的身材是否发生变化的参照物。我们会时不时地把它拿出来,试了又试,想确认一下我们有没有发福。我们把它简称为

"参照牛仔裤*"。

当我们再次成功地穿上了那件旧的李维斯501牛仔裤的时候,我们是多么的开心,多么的激动啊!!

但是,这样的尝试有时也会失败,那就真的让人很受打击了呀!

---

* 能够作为参照物的牛仔裤,应该是我们至少穿上过一次的牛仔裤。所以,不包括那种我们买的时候是为了瘦3公斤之后才穿的牛仔裤。

不过，老实说，我们最后一次在公众场合穿着那条牛仔裤，那是在我们因为肠胃炎拉肚子，身体恢复之后的事了。

<u>当我们检测身材变化的尝试遇到失败时，我们可以重复下面的句子，来鼓励自己，让自己重新振作：</u>

"这时候穿不上很正常！现在是夏天，天气炎热的时候，我们的身体需要吸收更多的水分，身体会有些水肿。"

或者，根据季节，我们也可以变换说法：

"这时候穿不上很正常！每到冬天，我都会长胖三公斤。"

如果连一条裤腿都穿不进去的时候，你可以这样告诉自己：

"我才不在乎呢！而且现在已经没有人穿501这种款式的牛仔裤了！！"

第七条守则

不要再说:"我现在紧张得像绷紧了的丁字裤!"

我是公主，公主才不便便呢！

这部分内容
被出版社查禁

---

* 对于那些对此感到特别失望的读者们，你们可以参考第128页《是谁放的屁？！》这个章节。

面对长得不好看的小婴儿该做何反应

和普遍的看法相反,并不是所有的小婴儿长得都好看。有的小婴儿长得确实有些丑!

所以,建议你不要对孩子的相貌作过多的评论!

例如:

<u>评论要适可而止</u>:"这个孩子很爱笑哦!"

<u>不要再画蛇添足</u>:**"可是,孩子身上的毛那么多,这是正常的吗?"**

"宝宝长得更像爸爸还是妈妈,现在还不太好说。"

"啊!我发现了,这个孩子长得谁都不像!"

"总之,医护人员看起来态度都非常好。"

"可能是医护人员把孩子抱错了吧,不过,你会很快重新找回自己的孩子的。"

"宝宝……他好可爱呀!"

"关键是孩子长大以后要长得帅。"

"他……看起来特别机灵!"

"那就得培养孩子的一些其他的优势……比如说幽默感。"

完美的女人都擅长照顾绿色植物

……然而,我们都还常常弄不明白,该不该给一盆仙人掌浇水呐*。

完美的女人可以让绿植盆栽看起来充满生机,她们都有一双照顾绿植的巧手!

我们还真有可能在买花的时候,把五月初的香草罗勒当成了铃兰……所以我们也明白,买一些漂亮的塑料花就足够满足我们的需要了。

作者们给蒙彼利埃市的沙佩塔尔大街上的花商的留言:

"这盆绿植几乎不需要怎么照顾",这样的话是骗人的!!

或者,其实是这样理解的:

如果这盆花草几乎不需要怎么照料,这是因为它死得很快!

---

* 即使在此书中,你也找不到这个问题的答案。

第八条守则

请不要在公众场合说:"穿着卡洛驰(crocs)的洞洞鞋,真是太舒服了!"

那些不愿承认的令人感到难为情的事

在本书开头的自序中，你们就已经了解到，本书写作的宗旨目的就是让我们每个人消除负罪感！

因为每个人都曾做过一些令人感到很难为情的事情，并非只有你们会：

·为了避免在第一次和心上人约会的时候，就经不住欲望诱惑和他上床而**特意不刮腿毛**。

·虽然已经卸过妆了，但是在和亲爱的上床睡觉之前，**再重新化点淡妆**（当然，这是发生在你们开始恋爱关系的第一周里）。

·因为怎么也想不起来把轻骑摩托车停在哪里了，就**向警察局报案摩托车被盗**。

在我们不愿承认的令人感到丢脸的事件清单之中，还有一类事情被我们称之为"年轻时的错误"：

- **冒险尝试不同的发型**（染色、修剪、烫发等等）
- 为了演唱饶舌歌曲而**刮刮眉毛**［模仿饶舌音乐团体克里斯克罗斯二人组（Kris Kross）］
- **手工纹身**（借助一支圆规和一瓶墨水）
- **放弃一切**，一路追随"天壤之别"（Worlds Apart）男子合唱团体的巡回演唱
- 用冰块和针**打耳洞**（或者是在身体的其他部位）
- 当涅盘乐队（Nirvana）的主唱科特·柯本（Kurt Cobain）自杀之后，**也威胁要自杀**（"我也要随科特而去！！"）

自己不愿承认的感到很丢人的事（请自行填写）

那些没有承认过的令你感到很丢人的事情：

_____

_____

_____

年轻时的错误：

_____

_____

_____

"指甲油脱落"理论

世界上非常神奇的事情之一,就是完美的女人,她们能够让自己手指上的指甲油一直保持完美无缺。

这怎么可能呢?

她们是如何做到的呢?

(而我们的指甲油,刚涂抹不久就会开始脱落了啊!)

<u>证明:</u>

洛尔:"有一次,我的指甲油涂得很失败,感觉自己很丢人,就跟同事说,这是我七岁的女儿帮我抹的指甲油。"

普鲁尼:"我嘛,每次自己涂完指甲油以后,还要再用洗甲水把指甲边缘一圈手指上多出来的指甲油抹去。"

完美女人做作的说法：

"请别介意我的指甲，真是不好意思！还不够精致！显得那么不修边幅！"

我们甚至都不明白她想表达什么。

"不行呀，我的左手食指指甲需要修一修，这周我一定得去美甲店一趟。"

为什么这么麻烦呢？直接用牙咬咬不就行了！

"我有一个朋友可是专门贴假指甲的，如果你的情况紧急，我给她打个电话，她可以破例让你加塞，先接待你噢！"

不予评论。

如何和前男友的新女友相处呢？

作者们对此感到十分抱歉，她们也还没有找到关于这个问题的答案。

那就按照自己的心愿去做吧*！！

---

* 不管你做什么，怎样做，无论如何，你都不会喜欢她，她也不会喜欢你。

性感诱惑的女人/ 不性感诱惑的女人

性感诱惑的女人：这个名词指的是一种利用外貌和身材的优势，旨在挑起男人的性欲望的女人。

男人们都垂涎性感诱惑的女人，虽然他们在公开场合都不愿承认，而且往往喜欢表明自己认为这样的女人很"庸俗"。

> **作者的补充：**可以向这样的女人借用一些衣着和配饰（尤其是在夏日聚会派对的时候），但是也要注意适合自己。

法国各地有不同类型的性感诱惑的女人。所以，根据她们所属的地区的差异，对她们的称谓也有所不同，比如：

在普罗旺斯-阿尔卑斯-蓝色海岸地区：**骚女**（la cagolle）

在法国北方地区：**小姑娘**（la tchiotte nénette）

> ⚠
>
> 请不要忽略了女人本身潜在具有诱惑性的这个特点,或许有一天,它也能发挥大用处!

你是哪一类性感诱惑的女人呢？

请在你认为符合你个人情况的选项前的小方框里打勾：

☐ 法式美甲

☐ 人造胸部

☐ 一只身长不到50厘米的小狗

☐ 一条裙长不足50厘米的短款半身裙

☐ 在腰部以下的纹身

☐ 一辆微型小汽车

☐ 钻石肚脐环/贴钻的指甲/钻石牙饰

☐ 一个跳脱衣舞的男朋友

☐ 接发……那是可以看出来的！

☐ 你认为帕米拉·安德森（Pamela Anderson）非常"与众不同"！

☐ 你抽时尚（vogue）牌香烟

☐ 会跳钢管舞

☐ 用深红的亮色唇膏涂抹嘴唇外缘以突出唇形，用浅颜色口红涂抹嘴唇。

☐ 如果一个男人说你"床上功夫好"，你认为这是他称赞你的话。

☐ 你把自己的名字改成了一个以字母"A"或者是以美式英语发音结尾的名字。

☐ 你曾经考虑过或者已经参加过真人秀的电视节目。

测试结果：

如果你的勾选超过了六项：你是法国南方的性感诱惑的女人

如果你的勾选超过了十项：你是美国的性感诱惑的女人

如果你的勾选超过了十二项：你就是帕米拉·安德森（Pamela Anderson）！

吸烟严重危害身体健康

完美的女人不抽烟，我们只能说很佩服她们！

可是，为什么她们觉得自己也有义务阻止别人抽烟呢？

完美女人的劝戒烟用语：

"你知道吗？抽烟对健康十分有害！"

"咳……咳……咳……咳……"（完美女人的咳嗽）

"你尝试过催眠戒烟的治疗方法吗？"

"你明白吗？从某种程度上说，你这是在自我毁灭……"

完美女人配合的动作：

挥手把飘过来的烟味扇走，并且带着一种很不舒服甚至是厌恶的表情。

而且，完美的女人招待宾客的时候，会禁止客人抽烟。

所以，即使聚会很成功，在宾客们谈到聚会的时候，还是会出现这样评价："那天真无聊，很没有意思啊，甚至都不能抽烟！"

第九条守则

不要在喝酒喝多了以后,这样喊:"这是伏特加酒,喝酒流到衣服上,也不会弄脏衣物的!"

在夜总会禁止做的事

· 使用"**迪斯科舞厅**"这样的词语。

· 站在了吧台的上面(不包括年龄小于20岁的)。

· 站上表演台(不包括年龄小于30岁的)。

· 站在软垫长椅的上面(不包括年龄小于40岁的)。

· 疯狂地吻一个男孩子(不包括年龄小于20岁的)。

· 疯狂地吻唱片骑士(DJ)(不包括年龄小于30岁的)。

· 疯狂地吻保安(不包括年龄小于40岁的)。

· 直接坐在不干净的马桶圈上。

· 要求把音乐的音量调低。

· 拿出一本书来看。

· 去向DJ表示祝贺,因为觉得他的选曲非常棒。

· 夜总会保安本来不负责看管你的汽车,你却要求他"多留意你的菲亚特彭托(Punto)小车,因为它恰好停在了一个角落里"。

· 走出卫生间的时候,喊道:"都别进去了!我吐了一地!"

· 走出卫生间的时候,喊道:"你们别进去啦!我刚才上大号啦!"

这是我自己做的！

完美的女人会做饭！

但是，她们真的什么都自己做……比如，自己做越南小春卷！

那么，我们忍不住想要问的第一个问题就是：

"为什么要自己做呢？！"

这样做显得有点小气啊，为什么她们要自己做越南小春卷呢？可以去买现成的啊！而且可能会更好！

证明：

卢辛勒："我自己加热了一个真空包装的西班牙土豆洋葱蛋饼…… 我当时激动地拍了一张照片，一定要把照片寄给我的家人。现在，在我的祖母家的壁炉上面，就有一张我和西班牙土豆洋葱蛋饼的合影。"

完美女人的做作的说法：

"说到甜点，我想过要做一些添加了香草荚的香草奶油浆。"

哇，听上去很厉害，不是就像达耐特（Danette）奶油一样的东西吗?！

"我自己做猪肉食品。"

？？？

"我能给你做一个'可以用手拿着吃，快餐式的土豆泥焗鹌鹑肉。"

那么，请给我们解释一下"可以用手拿着吃，快餐式"的意思。

"这道菜真的不复杂，只需要照着菜谱做就可以了。"

不予评论。

斯嘉丽·约翰逊（Scarlett Johansson）理论

在现实中，存在着一个被称作斯嘉丽·约翰逊理论*，或者说是一个小胖妞如何让人们相信，她是一个丰满的性感炸弹的！那就是要自以为是一个性感尤物，那么从举止行为等方方面面也就表现得像一个性感炸弹。

在创造出这个理论的同时，我们也意识到，我们揭示了史上最具有欺骗性的现象之一。

事实上，斯嘉丽·约翰逊看起来并无什么特别之处！她有曲线，我们也有，和我们这些普通女孩一样，她的皮肤上也会出现橙皮纹（又称橘皮组织）……老实讲，即使男士们在大街上和她擦身而过，也不一定会回过头再去看看她。

---

* 由本书的作者们发明的理论。

然而，因为她的自信，她的行为举止等方面就表现得很符合人们对性感尤物的梦想，所以她就成为了男人们心目中的女神。

> 由此总结出的经验也很简单：
>
> 如果你自信自己可以成为女神，你的举止行为就表现得如女神，你也就可能会变成女神！
>
> （否则，可能出现相反的情况……）

第十条守则

如果我们一直穿40码鞋子,就不要买38码的鞋子(即使小一些码的鞋子都在打折促销)!

不要班门弄斧

完美的女人精通法语,有时难免好为人师,忍不住就想纠正我们语言表达的用词:"在此处,不能用'Par contre'(反之),而应该用'En revanche'(相反的)。"

她还会纠正我们的拼写!(在一系列侮辱的排名中,这一类的对我们的侮辱是第一位的。)

现在轮到我们来纠正一些说法了(是的,我们是不是也有点叫人感到头痛了呢!)

我们决定要揭开本世纪里最大的用语争论之一:

> **我们是用"en Avignon（在阿维尼翁）"还是"à Avignon（在阿维尼翁）"呢？**
>
> 我们在法国阿维尼翁市的官方网址（Avignon.fr）上了解到相关的一种解释：
>
> "'en Avignon（在阿维尼翁）'的表达方式，虽然在读音上可以避免元音连续和读音不协调的情况，然而，这个短语如果是用于表达市区范围内的城市的时候，这样的表达方式其实是不正确的。如果在这种情况下，使用了'en Avignon（在阿维尼翁）'，可能是对上述的这一点不了解，或者有时是出于一种怀念过去的旧制度和学究气的一种表现。"

我们认为，其实他们本来可以解释得更简单明了一些……

所以，概括一下就是这样的：

使用"en Avignon（在阿维尼翁）"

这种表达方式的人，就是白痴！

一些奇怪的表达方式

正常的女人有时会说出一些令人感到"匪夷所思"的表达方式。这些耳熟能详的说法经她们之口变得有些让人觉得"不知所云",但是听起来却令人忍俊不禁。

下面的内容要特别地献给可可(Coco)*,因为以下的不少搞怪的表达方式正是出自她本人之口,例如:

"一提起这个,我的皮肤就变得好似香肠肉。"

(法语中原有的说法是:让人起鸡皮疙瘩。)

"这又不是摔坏了一只鸭子和弄折了三只脚。"

---

* 出于对奥黛丽(Audrey)以及她的亲朋好友的尊重,我们在这里没有使用她的本名。

（法语中原有的说法是：这又不是弄折了一只三脚鸭的三只脚——这也没有什么大惊小怪的。）

"她就像被蜜蜂叮了。"

（法语中原有的说法是两个表达：她很快离开某地和她发脾气。）

"我相信自己，我用模子做蛋糕。"

"这是第十三种类型的相遇。"

（法语中原有的说法是：这是第三种类型的相遇——发生了不可思议的事情。）

"这就像是在漏斗里放屁。"

（法语中原有的说法是：多此一举。）

"她往我背上扎回形针！"

（法语中原有的说法是：背后捅刀子。）

"是男人，就做不了和尚。"

（法语中原有的说法是：穿着袈裟的并不都是和尚——人不可貌相。）

"多一颗樱桃就会造成瓶中的水溢出。"

（法语中原有的说法是：多一滴水就会造成瓶中的水溢出。）

"我的琴弓上有好几个帽子。"

（法语中原有的说法涉及到两个表达：有好几套办法，有好几条成功之路和身兼数职。）

"要抓牛，先抓睾丸。"

（法语中原有的说法是：抓牛先抓角—— 知难而上。）

"把葡萄酒倒进菠菜里。"

（法语中原有的说法是：在菠菜里加些黄油—— 改善境况。）

"眼小肚皮大。"

（法语中原有的说法是：眼大肚皮小。）

"屁股里填满了小贝壳面。"

（法语中原有的说法是：运气非常好）

"多得不如现得。"

每天吃五种蔬菜和水果，谁能够做到呢？

严肃地讲：只有完美的女人才可以做得到！

她们吃的是天然和绿色的食品，一般都是素食主义者，有的甚至只吃谷物的种子！

不过，希望她们不要自我赋予一种需要拯救我们这些可怜的罪人们的使命感呀！

"自己种一点菊芋（俗称洋姜），并不是很难！"

OK。不过首先，我们应该知道菊芋是"神马"呀！

"我是素食主义者，但是我也会吃鸡蛋。因为，我觉得很有趣的一点，就是我们吃鸡蛋，不会造成动物的痛苦。"

让人想不到的是，不同的人对"有趣"解读会有这么大的差别！

"你不应该喝牛奶，因为你不是牛宝宝！"

啊！如果你喝豆浆，可能是因为你是大豆的宝宝吗？！

第十一条守则

请记住：没有人能够完全正确无误地使用美黑霜，那只是一个传说！

短消息 —— 我的第二种语言

我们之中有多少人,在收到别人的短信回复之后会感到无所适从、胡思乱想呢?

"你看看吧,我发给他的是'**么么哒;拜拜**',而他给我回复的时候,却用了'**亲吻;再见**'这个词*。让我觉得很尴尬啊!"(这是典型的女性思维方式,有时候会不冷静,缺乏分寸感。)

那么,为了避免错误地解读了短信的某些内容或者是仓促地下判断,我们为一些短消息增加了一些注解,并且绘制出了一个可供参考的表格。

---

* 一般对家人和朋友更常用"bise"(亲吻),而"bisou"(么么哒)一词,恋人之间用得更多。——译注

内容	注解
.	耶,说完了!
..	我想留点悬念。
...	我不知道怎么结束这句话才好。
....	没有任何的意义!别忘了"太多的省略句点就让省略号变得没有任何的意义了"。
?!	我提出疑问,而且感到有点不愉快。
?!!	我提出质疑,而且此刻我对答复感到十分恼火。
:)	我觉得很好笑。
;)	虽然并不一定很有趣,但我也觉得开心。
:$	即使我长着兔唇,我也会忍不住想要笑出来。
<3	心型图案
8>	小弟弟*

---

* 男性的生殖器(作者用"小弟弟"这个词,因为觉得比较有趣。)

用法语解读短信的内容

是的,我们的英语还是上学时的水平,我们曾经在简历上写过"懂一点点拉丁语",而我们的西班牙语也就只会说一句"una cerveza por favor(请给我一杯啤酒)"。

但是有一点是可以确定的,用法语解读短信内容是绝对难不倒我们的!

> 亲吻(Bises);再见

我想保持一定的距离。

> 拜(Biz)

一般是女生想对男生强调这一点:我们还只是普通的朋友。

> 么么哒(Bisous);拜拜

我们可以更亲近。

| 吻别（Kisses） | 我想用英语来表现出：我很酷。 |

| ××× | 我是美国人，或者我是限制级的影片的演员…… |

| 大大的吻（Big Bisous） | 我是卡洛斯[*]。 |

| 亲亲（Smacky smack） | 我未满15岁，或者我是同性恋。 |

| 杀了你 | 我是个精神变态者。 |

---

[*] 卡洛斯（Carlos），法国歌手和演员，1977年推出一首幽默的法语歌曲《大大的吻》(*Big Bisous*)。——译注

如何让你的女性朋友当众下不来台？

换句话说，策划一场"女孩子告别单身生活的聚会"。

所以，应当禁止以下的这些女孩子告别单身生活的活动：

乔装改扮（假发、帽子和其他的搞笑的饰物）

惩罚游戏（在公共场合，亲吻陌生人，收集陌生人的电话号码或者售卖洗手间里的卫生纸）

情趣玩具（在公共场合，购买、使用或者演示其用法）

> ⚠️
>
> **女孩子告别单身生活的活动**，通常是做一点"傻乎乎"的事情："喝一杯皇家基尔酒或者看看一个穿着丁字裤的男人。"
> 而对于男孩子来说，**他们告别单身生活的活动**却常常是"让他的伙伴帮他给某个职业的工作者*付费"（是的，他们也把它称作"在巴塞罗那度周末"）。

---

* 请参考第015页的注释。

第十二条守则

不要再这样说:"当心,我长了疱疹!"而是说:"小心,我发烧后身上起了小水泡。"

明天，一定要开始锻炼身体！

今年，我们已经迈出了第一步：注册成为一家健身房的会员！

接下来最艰巨的任务，就是怎样做到坚持去健身房锻炼！

需要有一种约束、激励或者是别的什么东西，只要可以促使我们坚持去那个有点"找罪受"的地方……

那就是负罪感！

"在这家健身房注册花去了我800欧元……不管怎样我也得坚持去健身！"

"一到周末就暴饮暴食……我必须得去健身房了！"

"健身教练准备给我写下这样的评语：他已经五个星期没有见到我了……我得赶紧去健身房！"

"专门为自己买了一双全新的价值100欧元的健身鞋，还配了一套超有型的健身服以及运动内衣……我一定得坚持去健身锻炼！"

"一起上健身课的女孩子们会向我投来不以为然的眼光……我一定要坚持去锻炼了！"

"我还是单身，而健身房里有很多阳光帅气的男生……无论如何，我也要坚持去锻炼！"

简单的成本计算

健身房的报名费用 ＋ 所购买的健身服装的花费 +

购买一个健身时可以用的苹果iPod 播放器的费用

一年之中我们去健身房的次数

＝

每次健身的实际花费*

---

* 所以，我们确实应该坚持去健身房锻炼呀！！

脸谱社交网站或者说"怎样让我们相信他们过着美妙的生活"

在我们的脸谱好友列表之中,可能都有这样一位朋友,我们对他(她)其实并不算很了解,但是他(她)给我们所留下的最多的印象,就是他(她)的生活非常美好!

然而,我们应该清醒地认识到一点,别人的生活其实常常并非如自己想象的那么美好……只是因为我们看待事物的角度不同!

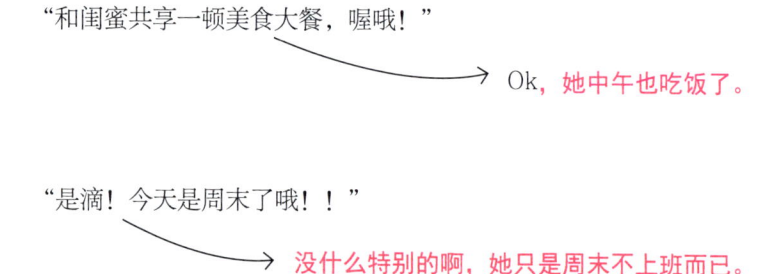

"和闺蜜共享一顿美食大餐,喔哦!"
→ Ok,她中午也吃饭了。

"是滴!今天是周末了哦!!"
→ 没什么特别的啊,她只是周末不上班而已。

"哎哟哟！！头痛难忍…… 噢啦啦！多亏了有多利潘（Doliprane）止痛药！"

她一定是同一些很差劲的人一起……在一家便宜的小酒馆里……喝到了很难喝的基尔酒……

"我的亲爱的是最棒的！！"

她的男友可能就是去为她买个面包。

"这么破费！！非常感谢！！！你真是疯了！"

一位客人只是给她带来了一块"黑森林蛋糕"。

办公室里的自动咖啡机的"复杂性"

现在是星期一的早晨,每逢周一,我们的同事克里斯特勒会计都会站在自动咖啡机旁,给我们绘声绘色地讲述她是怎样度过一个美好的周末的。(我们暂且称她为"克里斯特勒",首先因为克里斯特勒,这个名字不好听,其次因为在这之前我们已经多次使用过"米歇尔"这个名字了。)

那真是会令人感到尴尬万分的时刻!我们的整个周末,不过就是看完了第六季的美剧《嗜血法医》(*Dexter*),还有整理整理衣柜,这些实在是不值一提,因为说出来,就好像是承认自己过得挺失败一样!

这就是我们所说的:

"办公室里的自动咖啡机的'复杂性'"

此时请不要忘了,他人的周末未必都很完美!

有些人的周末生活甚至过得非常糟糕[*]。

尤其,你要记住一点:克里斯特勒会计是一个不正常的女人!

---

[*] 请参考第038页的《怎样知道你过着悲催的生活呢?》这一章节。

周五不行……因为我要看真人秀节目《秘密故事》的结局

<u>完美的女人们会这样说：</u>

"什么，你看法语配音的译制电影吗？"

"你去看了时长九个时的亚莉安·莫虚金（Ariane Mnouchkine）的戏剧吗？真是太棒了啊！！"

"很抱歉，因为我家没有电视，所以完全不知道你在说些什么。"

接下来，我们想引用在酷奇丁格勒乐队（Cookie Dingler）的《解放的女性》（*Femme libérée*）这首歌曲中很有哲理的一段歌词：

她订阅了时尚杂志《玛丽·克莱尔》（*Marie Claire*）
在《新观察家》（*L'Nouvel Observateur*）新闻周刊上，她只看布雷特谢尔（Bretécher）的漫画

她不再假装阅读《世界报》(*Le Monde*)

更有趣的是,她偷偷购买了《巴黎竞赛》(*Paris Match*)画报

我们承认,我们爱看名人八卦杂志《就是这个》《*Voici*》!

我们不会撒谎!相比主流媒体《世界报》,这样的八卦杂志更有趣,更让人放松。

我们也很想了解一下汤姆·克鲁斯的女儿苏芮·克鲁斯(Suri Cruise)的消息……难道这不重要吗?

我们不依靠别人

我们一直认为，家里修修补补的活是男人的专属特权……在家里我们需要男人来帮我们修修弄弄。

可是，女士们，这样的时代已经过去了！向男士们寻求帮助的传统已经结束啦！

> 不需要男士们帮忙做些修修补补的活！
> 事实上，也不需要修理什么东西了！

例证：

"这样就可以了！马桶每次冲水的时候，打开再关上水阀也并不是很麻烦。"

"我们习惯裹着救生毯睡觉了，为什么还要找人再修一下暖气？"

"用帕塔费斯（Patafix）胶修理窗户很方便！"

"我已经习惯从窗户爬进屋里,就不需要找人再重新配把钥匙了。"

"为什么要调闹钟?到了夏天加一小时,冬天加两小时,不就行了。"

唉,完全没有必要如此啊,那样不就搞错了时间……向他人寻求一些帮助,也不至于就像世界末日到来了一样吧。如果你自己不会做,没有人会因此随意评论你的!(当然除了那些不正常的女人……但是你也知道,她们真的是不正常!)

第十三条守则

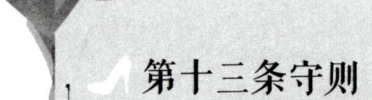

　　既然我们本来穿40码的衣服，就不要买36码的衣服，而且只是因为售货员对我们流露出"不屑的眼神"。

我绝对需要一台"面包机"!

我们的壁橱里塞满了那些当时购买的时候觉得必不可少但是实际上买回来后就只使用过一次的物品。

还有那些通过电视购物采购到的东西:

· 烤肉用的石板

· 滚动按摩器

· 食物搅拌器

· 制作煎饼的用具

· 空气净化剂

· 超模辛迪·克劳馥(Cindy Crawford)的健美操DVD(嗯,这个都买了……)

· 情趣玩具

· 电动运动器械

· 巧克力火锅用具

（那些会回复："不，我是使用了三次……"的女士们，也都包括在内！）

> **我们坦白：**
>
> 请不要指望我们想让你们对此产生一种负罪感！我们从来都没有忘记过，当收到"纸杯蛋糕模具*"的那一刻，我们所感受和体会到的那份心情！
>
> 呵呵！感觉好极了！

---

* 这套模具还装在包装盒子里面。

你所收到的很糟糕的礼物

"用心的礼物常常都是成功的礼物。"

说起来容易做起来难！实际上，在我们所收到的礼物中，62%的礼物都完全可以说是太糟糕了[*]！

回想一下你曾经收到过的最糟糕的礼物，可能不由地开始想这样的一个问题："这个人，他（她）真的希望我开心吗？"

"我的姨妈，每年都会送给我一些泡澡用的沐浴球。"

→ 而我的家里只有一个淋浴器，没有浴缸！

---

[*] 这个百分比的数据具有一定的偶然性，它只是基于作者们的个人经验。

"如果你不喜欢,可以拿去换,我还留着收款凭条。"

→ 他们一定不会把收款凭条给我们的!

"圣诞节的时候,我的小姑子送给我一把切肉刀。"

→ 我真不明白她到底是怎么想的!

"我的堂兄送给我一幅画,上面画着一个哭泣的小丑,而且他还对我说:'我一看到这幅画,就立刻想到了你。'"

→ ??!!!

我们收到的礼物的实际情况

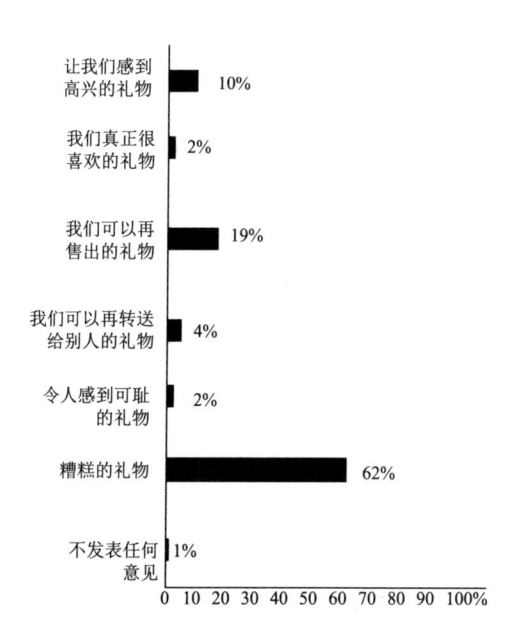

类别	百分比
让我们感到高兴的礼物	10%
我们真正很喜欢的礼物	2%
我们可以再售出的礼物	19%
我们可以再转送给别人的礼物	4%
令人感到可耻的礼物	2%
糟糕的礼物	62%
不发表任何意见	1%

禁止赠送的礼物清单

男士们请注意！

先生们：

我们知道，对于你们之中的大多数人来说，给心爱的人送一份礼物，就好像一次严峻又痛苦的考验。所以，我们愿意向你们慷慨地献出我们宝贵的建议：

首先避免那些其实是"送给自己的礼物"。你们以为我们那么容易上当受骗吗？

- 性感的女士睡衣
- 性玩具
- 网络游戏《魔兽世界2》（*World and Warcraft 2*）的系列玩具

还应该避免那些可能会被认为是要"传递出某些信息"的礼物：

- 厨艺课程

· 个人形象设计

· 心理咨询和治疗

请注意，在女性思想偏执、爱钻牛角尖的时候，任何一份简简单单的礼物，也可能被看成是一个可以"传递出某种信息"的礼物。

"咳！！他送给我了这个……你觉得，他是不是想要……？？！！"

所以，请你们一定不要冒险哦！

> ⚠️
>
> **注意该避免的危险情况：弄错衣服的尺码！**
>
> 如果你送给她的衣服的尺码太小了，她会觉得自己很胖。
>
> 如果尺码太大了的话，这意味着，在你眼中，她要穿比自己原先穿的尺寸更大号的衣服，她也会觉得自己很胖。
>
> 不论是哪种情况，你都没戏了！

完美的妈妈们*/**

完美的妈妈不正常！

---

*　作者们的注释：这将会成为我们的第二本书的主题，书名就命名为：《完美的妈妈都不正常！》

**　编辑的注释：那先得把这本书给销出去了！

第十四条守则

请说:"下下个星期一",不要再说:"十二天后的星期一",同样的,正如同我们应该说:"下个星期一",而不要说成:"八天后的星期一"。

什么？！你没有保留好票据？！

完美的女人总是把自己的生活打理得井井有条！可惜我们的情况并非如此，我们可是做不到啊！

如果诚实一些，我们就会承认：

· 谁从来都没有在手机已经丢失了四年之后，还继续支付着手机保险费用呢？

· 谁没有忘记过在选民注册单上做选民登记呢？

· 谁没有因为赶在出发前的最后一天才订票，而买到了最昂贵的机票呢？

· 谁没有因为忘记给他人购买生日礼物，而把本属于自己的东西转送给了他人了呢？

· 谁没有说过："哎呀，我错过了这个商品可以退换货的时间了"呢？

· 谁没有忘记过取消订阅法国电信的终端服务（Minitel）呢？

是的，虽然我们不能像完美女人一样成为打理女王……也没有住房储蓄的定期存款和房屋保险账户，但是，我们把自己的存钱小木盒可是保管得非常好！嘿嘿！

那些很失败的"跨年夜"

不要再给自己施加压力了。不管我们怎么做,不论我们怎样预期,跨年夜都很难达到自己想要的那种满意的程度。*

如果我们曾经度过了一个令人难以置信的美好的跨年夜,请记住,那可能纯粹只是一个意外!

> **前五名最失败的跨年夜:**
>
> 1.和宠物猫咪相伴,独自在家。
>
> 2.和我们前男友以及他的新女友一起跨年。(一个非常漂亮的20岁的巴西女郎)。

---

* 请参考这两个章节:《脸谱社交网站或者说"怎样让我们相信他们过着美妙的生活"》和《怎样知道你过着悲催的生活呢?》。

3.作为唯一的一位单身女性和一群成双成对的朋友们一起跨年迎新。

4.和不喝酒的人一起迎接新年。

5.在午夜23：57分，在新年到来前的三分钟，开始呕吐。

如果连续发生了上述的一些情况，那么这样的一个跨年夜就首当其冲地成为了"令人印象深刻的最糟糕的回忆"。

例如：在新年到来前的三分钟，吐了自己的宠物猫咪一身。

当……当……当当……，当……当……当当……*

我们无法选择自己出生的家庭（也无法选择我们的某些朋友），我们更无法选择出席或者不出席他们的婚礼。

婚礼上作为嘉宾的应对法宝：

·不能打扮得比新娘还漂亮，除非大家本来就不太喜欢她。

·在婚宴的酒席上早一点开始喝酒，这样会觉得时间过得比较快。

（但是要避免在还未给新人敬酒之前，就喝醉了说胡话）

·婚礼上来宾讲话的时候，避免涉及以下的一些棘手尴尬的问题，例如：

　　新娘过去的性生活历史

---

* 你们肯定都想到了，这是婚礼进行曲的曲调。

新郎的性取向

纳粹屠杀犹太人的历史

所以，我们应该避免出现下面的发言：

"在认识博努瓦以前，瓦那萨真是一个很风骚的女人！"

"我们来一起为新人们鼓掌！为米歇尔和……新娘叫什么名字？？"

"我希望，此刻我们也能为世界上那么多因饥饿而死亡的儿童送去祝福……啊！我不得不中断我的发言，因为婚礼蛋糕来了。"

"来！大家跟我一起唱！ 巴厘·巴洛睡在摇篮里……"

如何为婚礼助兴

为了给婚礼晚会增添一些欢乐的气氛,你可以考虑这样做:

· 快速分辨出爱喝酒和好争辩的大叔,别犹豫,时不时地就给他斟酒。

在宴会结束之际的一场小斗嘴,会把大家逗乐的。

· 用手机给婚礼晚会录像,就像在《几近完美的晚餐》(*un Diner presque parfait*)或者《四场婚礼一次蜜月》(*Quatre mariages pour une lune de miel*)这些真人秀电视节目里一样,然后做一些自己的评论。

对宾客们的品评,常常会让你觉得很有趣!

· 假装成一个不会说国语的美国表妹。

在你面前,其他宾客们会畅所欲言……就会发生一些好笑的事情!

类似的办法也可以达到同样的效果,比如假装成一位"听力有障碍的表妹"。

- 如果我们注意到一位看起来特别腼腆的宾客，别犹豫，去跟他打个招呼，然后喊出大家耳熟能详的那句话："发言！！发言！！"

在这样的情况下，来宾们肯定会附和你，跟着你一起呼喊。

- 虚构一个关于自己的故事，讲给那些以后都不会有机会再见面的宾客听。

你没有认出我吗？我参加了第三季的真人秀节目《秘密故事》（*Secret Story* 3），我的秘密就是："我是天生的弗拉明戈舞者"，你还没有想起我是谁？

"是谁放的屁？！"

不管怎样，谁都知道完美的女人也会放屁……不过她们会注意尽量不要影响到身边的人，偷偷放屁……

如果别人出糗的时候，被她们撞个正着，她们会避免喊出：

"不是我放的，是玛蒂娜！"

"唉呀，这是什么味道！刺得我眼睛都疼！"

"你的体内都开始腐败了，不可能吧！"

同样，她们也不会换一种说法，比如提到"洗手间"：

"在接下来的四小时里，你们都得忍受这样的味道，恐怕都不会想再去上茅房了！"

所以，禁止使用的以下用来表达洗手间的词语：

- 便池

·茅房

·茅厕

·茅坑

或其他的"来自地方上"或者是"搞笑的"的表达厕所的方式。

> ⚠️
>
> 还有需要特别说明吗?像"是谁放的屁"这种说法,早就被禁止了,自从……事实上,这样说从来都是被禁止的!

第十五条守则

不要再一边挥舞着你的宠物猫的照片,一边喊道:"嗨?你想看看我家的母猫吗?"

那些女孩子只吃沙拉……

她们会让我们产生罪恶感,因为我们除了点了一个萨瓦的奶酪火锅之外,还又加点了一些肉食,而她们只点了"配有酱料"的沙拉,而且酱料和沙拉要分开盛盘……

可是,请记住:

要成为一个不会发胖的女孩,就不要吃饭啦!

要成为一个不会发胖的女孩,就不要吃饭啦!

要成为一个不会发胖的女孩,就不要吃饭啦!

要成为一个不会发胖的女孩,就不要吃饭啦!

要成为一个不会发胖的女孩,就不要吃饭啦!

要成为一个不会发胖的女孩,就不要吃饭啦!

醉酒之后禁止发送的短信

我们希望借助此书,能对一些醉酒之后发短信的人提出一些预防建议!

醉酒之后发短信,这是被禁止的!!!

特别像是醉酒以后在凌晨三点发出"包含着无限丰富内涵"的短信……

我们特别希望,智能手机能够配备一种酒精测试功能,它甚至可能挽救人们的生命!

比如,这项手机的功能,可以阻止我们在凌晨3:00向前男友发出这样的短消息:

"我还是想你*……"

因为这样的一条短信，还可能引发非常复杂的后果……

尤其当我们的前男友竟然敢这样回复的时候……

"你是哪位啊？"

> ⚠️
>
> 醉酒之后也同样禁止在脸谱和推特（Tweets）等社交网络上发布消息和状态。

---

* 这只是喝醉酒后发出的那些短消息中的一个例子。除此之外，还可能涉及到一些淫秽下流、利用感情进行敲诈还有威胁自杀一类的短消息等，而这些短消息，也都应当被禁止。

中学时的校花变丑了

中学校园里的明星，我们中学时代的女神变丑了！或者可以说成是一种"拉拉队校花"理论。

在中学时代，我们都认识这样的一个女生，她是那么的漂亮、完美，而且又十分受欢迎……我们都曾偷偷地想过，梦想自己有一天能变得像她一样。

请你们放心：

"那些想要留住岁月的人，终会和岁月一起消逝。"

中学时的明星和女神也不能幸免，她们无限绚烂的青春，也只属于中学时代。

现在借助脸谱社交网，我们得以了解十五年之后她们的状况：

·她嫁给了一个"失败者（loser）"

·她的体重增加了20公斤

· 她的孩子长得很丑

· 她有一只可笑的/或者很凶猛的宠物狗

· 她参加了晒隐私的电视节目《内心的忏悔》（*Confessions intimes*）

· 她穿着卡骆驰牌的洞洞鞋。

啊，是的，姑娘们……

我们"报仇雪恨"的时刻终于到来了！！

致　敬

写到这里，我们需要稍作停顿，我们想把上一页的"拉拉队校花"理论献给*：

我们的好闺蜜们

那些曾经在晚会上没有舞伴的女孩子们

为了凑成一个体育队，曾经在最后时刻被拉进队伍的女孩子们

曾经戴牙套的姑娘们

那些成绩总是名列前茅的女孩们

那些过去胸部平平的女孩子们

那些从来没有穿过"名牌"的姑娘们

曾经被人冠以可笑的绰号的女孩子们

曾经没有受邀参加过聚会的姑娘们

曾经因为害羞，在游泳池还穿着T恤衫的女孩子们

还要献给那些搞笑的逗比姑娘们、小胖墩们、假小子们、长痘痘的女孩子们和处女姑娘们。

献给那些从来都不曾成为完美女人的女性们！

---

*　为了表达更大的敬意，我们应该站起来，大声朗读这部分的内容，并且，把一只手放在胸前，以美国国歌作为背景音乐。

梅格·瑞恩的错

都怪梅格·瑞恩,这个完美的女人!

因为看了由她主演的《西雅图不眠夜》(*Nuit blanche à Seattle*),我们就相信了一种"妙不可言"的一见钟情的缘分!

而看过电影《辣身舞》(*Dirty Dancing*)之后,我们会相信约翰尼(Johnny)这样的男孩子(他一旦结束自己像一匹野马一样的无拘无束的生活)可以带着我们一起去追求幸福!

是啊,谁又不曾梦想过一种**"像电影里那样"**的爱情故事呢?

一次完美的邂逅、一种轻松、逗趣又充满激情的爱情关系……

可是,即使我们之中的大部分女人,在现实中已经放弃了那样的梦想,但是对于一些女孩子来说,要想从那样的憧憬和梦想中醒过来,却并非易事……

如同上一代人是读着仙女的童话故事长大，而我们是怀着白马王子的梦想渐渐长大的！

相信有像《风月俏佳人》里的李察·基尔（Richard Gere）、《辣身舞》中的约翰尼和《欲望都市》里的比格（Big）一样的男士的存在……

然而如果我们了解到下面的情况，也不必对此太失望……

完美的女人有多不正常，白马王子也就有多不正常！

如同完美的女人一样……完美的男士也是不存在的！

第十六条守则

我们不要在公共场合喊出:
"太酷了!!迪迪埃·巴尔巴里维
(Didier Barbelivien)要推出三
张CD珍藏版的音乐专辑啦!"

那些反常吸引我们的男人们（AP）*

反常吸引我们的男人（AP），是一个出乎我们的意料之外会吸引我们的男性（在外貌、身材、性感等方面）。

他们和我们通常交往的男性没有什么共同之处，甚至完全相反，然而奇怪的是，我们却被他们所吸引！

我们甚至不敢把这样的情况告诉身边的人，而更愿意把它当作自己的某种"幻想"，某种"自己也不能接受"的想法、甚至是会"受到法律惩罚"的事情。

"他又丑又胖，毛又多，但是当他骑在摩托车上的时候……" ＝ AP

"这怎么可以？！我的年龄都可以做他的妈妈了……" ＝ AP

---

* 反常的吸引。

"这个家伙，既没有房子，也没有工作，住在自己的货车里，成天去海边玩冲浪！"=AP

"我已经过了像纯情少女们一样，为喜欢的小鲜肉偶像歌手而疯狂的年纪。"=AP

"我的邻居穿得像个老古董，感觉他真是很奇怪，而且，我甚至怀疑他会不会是一个吸血鬼。"=AP

为了更好地了解自己，很重要的就是要明确可能会对自己产生反常的吸引的人是什么类型的。

<u>最常见的AP男类型：</u>

· 肌肉男

· 音乐剧的舞者

· 我们的女性朋友的弟弟

· G.O.*

· 乡村歌手

· 我们的男性朋友们的父亲

· 纹身男摩托车骑手

---

* G.O.指的是一份新鲜热辣的职业——英文Gentle Organizer的缩写，就是"亲善的组织者"，他们是每个度假村的灵魂人物，他们是为游客服务的接待人员，他们通常来自世界各地且多才多艺，他们教你体验各项惊险的活动，甚至与你共进早餐，是你的朋友或者玩伴。—— 百度百科

对男性朋友在社交网上的照片分析

在脸谱社交网上，如果某个可能成为自己未来男朋友的人选的男士，上传了一张照片，你不妨好好分析一下他的照片：

和一群朋友们一起的合照 = 好酷

和一位男性朋友的合影 = 可能是同性恋

和他的前女友的合影 = 不知道他现在的感情状态

乔装改扮成他人的造型照片 = 心情可能抑郁

一位国家领导人的照片 = 令人担忧

风景照 = 他的相貌可能不好看

不是他本人，而是另一个长相丑陋的男士的照片 = 他的长相可能不好看，但是挺有趣的

不是他本人，而是另一个长得很帅的男士的照片 = 长相可能不好看，而且性格忧郁

一只小猫咪的照片 = 同性恋*

一只死去的小猫咪的照片 = 精神变态者

---

* 请参考第146页《同性恋/非同性恋》这一章节。

令人想逃离的第一次约会

在初次约会前，你应该提前和自己的闺蜜商量制订一份行动计划，以备不时之需，在需要时可以让自己摆脱困境。（比如，假设你发现对方令人感到十分讨厌，或者显得十分吝啬，或者喜欢做出用手卷头发的动作，等等。）

如果你想从不喜欢的约会里及早抽身离开，在吃饭的时候，可以让你的女伴（或者同谋）给你打个电话帮你脱身，你也要表现出非常吃惊地回复她的电话：

"喂！什么？！你千万不要跳下去啊！我马上赶到！"

"喂！什么？！W9电视台要重新播放《辣身舞》？我马上就赶过去！"

"喂！什么？！他要去开收割机？我马上赶过去！"

第十七条守则

不要再这样回复别人:"找找找,找个屁啊!"

同性恋/非同性恋

现在,我们要谈谈关于"现代男性"的问题,在女性杂志中,他们也被称作"都市美男(Métrosexuel)"。因为这一类的男性往往具有一些女性化的特点。

的确,男性的形象已经经历了一系的变化。对于男性来说,这也是有益的……但是这一现象也产生了一些影响。实际上,如今,我们的 "同志雷达*"就已经开始面临危机了,我们可能遇到一些复杂难辨的情况!

我们要面临的一个问题就是:

如何判断这个人是不是同性恋呢?

---

* 监测同性恋的雷达。

测试：

☐ 他点了一杯基尔酒。

☐ 他可以区分"橘红色"和"珊瑚红色"。

☐ 他知道美剧《绯闻女孩》（*Gossip Girl*）之中所有女主演的名字。

☐ 他会做意大利烩饭。

☐ 他觉得贾斯汀·汀布莱克（Justin Timberlake）很性感。

☐ 他已经把在电影《辣身舞》最后一幕中约翰尼所跳的那段舞蹈熟记于心。

☐ 他看过电影《辣身舞》。

☐ 他会亲吻"同性朋友"的嘴唇，来表达问候。

☐ 他轻拍"同性朋友"的小弟弟，来表达问候。

如果一位男性符合超过四个以上的选项，那么他很可能会带你去看涉及有同性恋话题的音乐剧《妈妈咪呀》（*Mamma mia*）！

⚠️ 假如经过种种测试，他都被证实是一个异性恋！那你就可以嫁给他啦！

鲨鱼男

《拉鲁斯词典》中对鲨鱼的定义是：

"这种具有流线形的外型的软骨鱼，在头部有尖形的吻突，体侧分布着鳃裂。（……）对鲨鱼的种种想象一直困扰着人类，它们既给人类造成恐惧，同时也深深吸引着我们。几个世纪以来，人类对鲨鱼的兴趣从未停止。在所罗门（Salomon）和汤加（Tonga）群岛，鲨鱼被敬为神物，而在西方，会出其不意地出现在海面上的鲨鱼则象征着死亡。"

鲨鱼男，就是一种猎食者*，他们在晚会快要结束的时候，不怀好意地转来转去，伺机寻找到容易捕获的猎物……可能就会是你！

---

* 猎食者，始终都是猎食者。他们不可能被我们驯服，我们也不可能改变他们的本性……所以，我们只有一个建议：一定不要触碰和招惹这一类的男人！

一时放松警惕，又多饮了一杯酒，或者女伴去一趟卫生间，把你一人留下，这些都是他们出击的时刻！

鲨鱼男猎食的时候，迅速，精准，又高效！

有多少可怜的姐妹都曾经成为了鲨鱼男猎捕的目标，虽然可能已经时隔多年，可是至今都还带着他们所造成的伤痕呢？

一定要当心！注意！保持警惕，在脑海中，清醒地意识到，身边的鲨鱼男一直在寻觅猎捕的目标……

如何让男人对你的表现感到惊讶和佩服

男人尽管有时会故作高深，但是其实他们并不是非常复杂的动物。所以，如果我们想要让男士们对我们的表现感到惊讶和佩服，也并非难事：

· 记住一些体育比赛中的"越位犯规"的规则。

· 身体柔韧度很好，可以做出把脚放到头部后面的动作。

· 会用打火机，胳膊前臂或者牙齿打开一瓶啤酒。

· 讲述自己有过和一个（或者多个）男同性恋发生关系的经历。

· 成为Fifa世界足球游戏的游戏高手。

· 学会弹奏吉他（会弹奏一首曲子就足够了……不要忘记，男士们也是容易轻信的）。

· 可以说出几句近期足球转会窗口的相关专业资讯。

· 告诉他们，你和性感女星克拉拉·摩根（Clara Morgane）的关系亲密。

· 总是在他之前，就拥有了最新款的苹果产品。

·记住动漫《圣斗士星矢》当中所有圣斗士的名字，还有《星球大战》中著名的电影台词。

·会修理汽车的"化油器"。

·知道什么是汽车的"化油器"。

如果你认为，这份清单实在有点太过于简要了，不能糊弄住男性这种复杂的"政治动物"，那么就是你对此很无知，也缺乏经验了啊！

否决权的原则

否决（veto）一词源于拉丁语，意为"我反对！"

比如在这样的情况下使用：

"我反对别的女生追求这个男生。"

> ⚠️ 在追求异性的时候，不是像大多数人所想的一样，按照谁先"见到"对方这样的条件，而是谁最先提出反对，谁就有权利行使"否决权"。

所以，尽快地让别人知道自己对某个男孩子的爱意的重要性就在于此。

来自梅洛迪的证明："我和另一个女孩都同时喜欢一个男孩子，但是因为她同意我买一件跟她穿的一模一样的衣服，我也很讲义气，就把那个男孩子让给她了。"

请注意：这种观念也被称为"捷足先登的权利要求"！

不适用行使否决权的例外情况

· 如果两个女孩子同时让其他人知道自己对一个男孩子的爱意。

先见到他的女孩子，就可以先追求这个男孩子。

· 如果两个女孩同时见到这个男孩子。

单身的时间更长的那个女孩，就可以先追求这个男孩子。

· 如果两个女孩子单身的时间一样长。

两个人可以考虑以一种"和和气气"的协商方式来解决，必要时还可以请第三方来调解。

双方的商议结束时，一方可以赠送给受到损害的另一方一份小礼物（例如服装、小饰物、化妆品等）。

这种否决权的观念可能显得平淡无奇，甚至有点俗气，但是它也绝不是那种把男人当作物品的想法……无论如何，在公开的场合我们都不会表露出那样的想法！

而且，为了考虑到对方感受，还有重要的一点，就是不让这个男孩子了解到我们采取行使否决权的这种方式！

你们之间的协商应该慎重、低调一些！！

附上能够剪裁下来的"否决权凭证"，必要时可以展示并且送给你的竞争对手。

否决权凭证

此次"否决",从今日起有效,有效期限为三个月。任何男士或者女士都无权用任何手段勾引上述被行使了"否决权"的男士,否则将会受到追究。

否决权凭证

此次"否决",从今日起有效,有效期限为三个月。任何男士或者女士都无权用任何手段勾引上述被行使了"否决权"的男士,否则将会受到追究。

否决权凭证

此次"否决",从今日起有效,有效期限为三个月。任何男士或者女士都无权用任何手段勾引上述被行使了"否决权"的男士,否则将会受到追究。

否决权凭证

　　此次"否决",从今日起有效,有效期限为三个月。任何男士或者女士都无权用任何手段勾引上述被行使了"否决权"的男士,否则将会受到追究。

否决权凭证

　　此次"否决",从今日起有效,有效期限为三个月。任何男士或者女士都无权用任何手段勾引上述被行使了"否决权"的男士,否则将会受到追究。

否决权凭证

　　此次"否决",从今日起有效,有效期限为三个月。任何男士或者女士都无权用任何手段勾引上述被行使了"否决权"的男士,否则将会受到追究。

第十八条守则

看法国电视六台播放的电视节目,尤其是在圣诞节期间播放的节目……我们承认,我们一定会看哭的*。

---

* 电视六台圣诞节时会播放的电影:《我想要一个爷爷》(*Un grand père pour Noël*)、《圣诞心》(*Un nouveau coeur pour Noël*),还有在圣诞节时,一个装着木制假腿的12岁的孩子成为了孤儿的一部电影……

想更了解男人的女士们的备忘录

他会这样说：

我喜欢有曲线的女人。

他其实这样想：

我喜欢胸部丰满的女人，但是不喜欢肥胖的女人。

你不再换一件衣服试试吗？

我觉得你穿上这条裙子并不好看。

一看就知道是人造胸部。

我想把头埋进她的大胸内来检验真假。

你真的是非常好！

但是很遗憾，你长得丑！

萨布里娜，真是很庸俗！

搞定这样的女人很容易。

我们再联系吧。

我不会给你打电话。

（否则，他会说"我会再打电话给你"。）

她只是一个普通的朋友。

我一直没有机会搞定她。

我喜欢有幽默感的女孩子！

但是她们不能比我还有趣。

你不想尝试点新花样吗？

你不想尝试一下，和加埃塔娜一起三个人……吗？

现在，我想要认真发展一段恋爱关系。

我已经搞定过各种各样的女生了。

我想要找一个矜持低调的姑娘。

我不希望别人拐跑我的女神。

如果我现在离开你,可能这会让我犯下这辈子最大的错误。

我把你留作备胎,有需要的时候可以找你。

我希望,我们的关系能够慢慢地发展。

我有性功能障碍。

假装不在意的策略

"我总是吸引不到自己喜欢的人!我假装不在意他,和他保持距离……不去看他!也不和他讲话!可是这样的招数不起作用……"

是的,假装不在意的策略并不奏效!

我们从来都没有听说过有这样的一种男士,在整个晚会上,我们看都没有看过人家一眼,他就会走过来对我们说:"嗨!我发现你一直都没有注意过我……所以,我就被你深深地吸引!为你而疯狂!"

现实中不可能存在这样的事情!显然,男人并不喜欢拒人千里的女人;正如他们可能准备带着一个跳起舞来妩媚诱惑的金发小女人*回家的

---

* 请参考第073页《性感诱惑的女人/不性感诱惑的女人》这一章节。

时候,我们还在像机器人一样跳着舞呐……

> ⚠
>
> 在短期内,假装不在意的策略一般是不会奏效的。然而,如果把它作为我们更长期的战略的一个组成部分,就会被证明还是十分有效的。但是在运用此策略的时候,你还要留意那些感情中潜在的竞争对手。所以,还有一个办法,你可以考虑行使你的否决权哦!(第154页至157页)

第十九条守则

如果你的女性友人的男友让你无法忍受,那就不要跟她一起喝酒!因为你很可能忍不住会说出这样的话:"你的男友,真是太烂了!"

不要马上就给他回电话，否则他会认为自己吃定你了

是的，我们最好稍稍难为一下男士们。来看看为什么这样做吧！

因为我们常常害怕让他看出我们对他的在意，害怕给他增添压力……

然而更为重要的一点，就是我们还需要向他证明：他还没有完全驾驭我们！生米还没有煮成熟饭！（尽管事实上，你可能都已经爱得无法自拔了！）

不管以上这些理由是否充分，总之它们会让我们采取一些特殊的举动，做出一些奇怪的事情……

"我没有接听他打来的电话，这样，他会以为我过着一种忙碌而充实的生活！"

"我会接起他打来的电话后，问道：'喂？是史蒂夫吗？'这样，他不由得会想：'这个史蒂夫是谁呢？'然后，他会感到非常嫉妒！"

"我故意不回他的电话，像这样，他会以为，我对他并不是十分感

兴趣。然后,当他跟别人见面的时候,在他最意想不到的时候,我再打给他!是不是有点狡猾呢?"

> 在这些情况中,最常见也是最普遍的原则就是"三日原则",即是等三天过后,再给心仪的对象回电话。(见下一页中的内容)

三日原则

经过各种分析研究之后,我们发现"三日原则"起源于耶稣基督复活的故事。

"哇喔!这真是令人难以置信!"

(是的,我们也对此有同样的反应!)

传说耶稣去世之后,过了三天以后才复活的。

> 耶稣等待了三天之后才复活!
>
> 四天太久,两天还不够。
>
> 假如他提前复活了,某些人可能都还没有意识到他曾经去世过:
>
> "耶稣?他去世了吗?不会吧?!你对此确定吗?是在什么时候呢?他们怎么什么都没有告诉我!"

但是，如果他等待的时间更长一些：

"哦，耶稣？他上个星期去世了……但是你知道吗？皮埃尔昨天也去世了？！多么糟糕啊！"

所以，三天是最佳的时间！

第二十条守则

请避免使用"我的心理咨询师说……"作为句子的开头。

第二十一条守则

绝不要以"我的猫咪觉得……"作为句子的开头。

如何判断这个男人对于我们来说太年轻、不成熟

·他对我们以"您"相称。

·他称呼我们"夫人"。

·他称呼我们"妈妈"。

·他不知道美剧中的迪兰·麦凯（Dylan McKay）。

·他从来没有见过真正的视频文字终端电话设备[*]。

·他不知道雀巢公司在法国的巧克力饮品的吉祥物原来是大奎克（Groquick），只知道后来的新吉祥物魁奇（Quicky）（这个投机取巧的兔子！）

·他为了要参加毕业会考而发愁和担心。

---

[*] 法国电信在1982年推出视频文字终端电话设备（Minitel），于2012年正式关闭了该终端服务。它是法国互联网的雏形，随着互联网的兴起而逐渐被代替。——译注

·他不知道七喜小子（Fido Dido）（他该羞愧啊！）

·他没有使用过法郎。

·他以为阿诺·施瓦辛格（Arnold Schwarzenegger）只是美国的一个政治家。

·他讲的逸闻趣事通常是以"当时我们正在上数学课……"这样的叙述作为开头。

·他以为莱迪西亚（Laetitia）是约翰尼·哈里戴（Johnny Hallyday）的第一任妻子。

·他没有使用过VHS录影带。

·他觉得少儿英语节目《爱探险的朵拉》"太酷了"。

·他隐约听说过"戴安娜王妃（Lady Di）"，但是并不确定她是否真的存在过。

第一个晚上可不可以……

当然第一个晚上可以上床！

在现在这样的一个大龄女的危机时代，你不能放过任何一个机会*。

你们以为呢？实际上，第一个晚上那个男人就想和这个女人发生亲密的关系，这样的情况已经越来越少发生啦……

你们还要知道，像"第一个晚上就和他发生亲密关系，对方不会再给我们联系"这样的言论并非正确。

都市中的人们臆造出这样的一种说法，唯一的目的就是让女人们对此产生一种负罪感。

（除非这个男孩子的年龄在25岁至38岁之间，并且住在巴黎市内，

---

* 这里针对的是28岁以上的女性。

或者是住在人口超过1.5万的居民点,如果是在这种情况下,他的确不会再给你打电话的!)

> ⚠️ 不适用于第一个晚上就上床的例外情况:
> · 如果你还是一个未成年人
> · 如果你要寻找的是一种伟大的爱情
> · 如果你遇到的约会对象是一个精神变态者

为什么我当时和他上床了呢?

· 因为他付了酒店的费用,所以觉得应该发生些什么。

· 他好像一直渴望能有这么一天……

· 他告诉我,他拥有一台美国冰箱!我非常喜欢美国冰箱,可以制作冰块!!!

· 我有一张被我征服的男性对象的名单,我想要凑出一个整数。

· 他告诉我,他对任何人从来都没有产生过这样的感觉……

· 他的太阳星座是处女座,而且上升星座是金牛座。

· 他对我说:"肯定你不敢这样做!"

· 他喜欢小猫和海豚,还喜欢在森林中漫步。

· 一次误会……

· 一般和一个男生亲吻过后,我就会和他上床,而且认为这样自己的投入收益率才会达到80%。

· 我把他当成了另外一个人。

- 我们不知道再聊些什么，所以……

- 从来没有和一个中国男人上过床。

- 他对我说："请"。

- 因为我住得特别远，而他的公寓刚好位于一家酒吧的上面，在他家里过夜，对我来说更方便。

- 他告诉我，他是男明星克里斯多夫·德萨瓦那（Christophe Dechavanne）的表兄弟……

第二十二条守则

我们应该放弃用刀子和叉子剥去虾壳的想法。

"半软"症

"一种充满恐怖的灾难——瘟疫,在动物之中流行开来,这是上天在盛怒之中为惩罚自然界而造成的不幸。"

让·德·拉封丹《得了瘟疫的群兽》

的确,拉封丹所谈到的是鼠疫,而不是半软症。

但是,小弟弟半软不硬的症状难道不是我们这个时代的鼠疫吗?

所以,我们需要提出这样的问题!!

小弟弟半软的定义:

在海绵体充血的过程中的一个过渡阶段,即是一种处于松弛和勃起的中间状态。

总之,整个小弟弟还是软的。

当我们做了准备工夫，想要进入亲密接触的实战的时候，却发觉对方始终没有兴奋起来，你们应该可以想象得出我们当时的失望情绪。

当然，他们总是会找到一个好的理由！

比如，喝酒太多，过于疲劳，压力太大……

"我也不知道这是怎么回事，我是第一次遇到了这样的情况。"或者甚至是"你实在太优秀了，让我感到压力很大！"

所以，面对这样的情况，我们有必要打破一直保持沉默的习惯：

太频繁地出现半软的症状，我们就已经无法接受了！

没什么大不了的，每个人都会遇到……

你这样的想法是错误！

起初，我们没有考虑太多，最初的种种迹象也并没有引起我们的在意：

"第一次，从来都不会太理想……"

"事实上，偶尔失败也是很正常的……"

"在此之前，我们都喝了不少酒……"

接下来，女孩子们之间会私下谈论这方面的事情，最后经过反复研究、查找资料和相互交流，我们得出了一个可怕的结论：

不能忽视女性的权利和诉求

然而，最糟糕的情况还是女孩子们以为这都是自己的错。

"都是我的错，我不应该那么兴奋。"

"我应该表现得像个性事方面的菜鸟。"

"我怕自己的动作有些粗暴了……"

女孩子们，醒醒吧！

在性生活中，也别忽视了女性们自己的权利和诉求！

无地自容

或者可以借用一下《蒙羞之旅》（*Walk of Shame*）这部电影的片名，这是一种更国际化的说法。

它会不会让你联想起自己的经历：一夜狂欢过后（在夜总会里或者疯狂的一夜情），在第二天清晨返回家的路上，恰好碰到那些早起赶去上班的人。

> 换句话说，就是要去睡觉的人碰上了那些早起准备上班的人……

种种迹象都透漏出了你的行踪：
- 还穿着昨晚穿过的衣服。
- 从包中露出一朵凋谢的玫瑰花。
- 手里拎着一双高跟鞋。

·脸上露出一副春心荡漾的表情，这副模样就好像告诉大家："我昨晚都做了什么样的好事啊?！"

此时，你也会感到别人好像都在审视你，议论你……

你知道别人可以看出来！

为了掩饰自己的尴尬，让你保持镇定自若，别犹豫，可以运用一些小道具，因为它们似乎可以帮助你告诉其他人："怎么啦？我和你们一样，也赶着要上班啊！"

一根长棍面包或者是一份晨报，都非常适合你的需要……

告诉我你有多少性伴侣，我会告诉你你是什么样的人

根据2007年最新的国家调查结果显示，法国女性一生中平均有4.4个性伴侣。（在上一次1992年的调查中，这个平均数是3.3个，1970年的平均数是1.8个。）

至于法国男性，他们一生中平均有11.6个性伴侣。（这个数据结果和1970年的调查结果相比基本没有什么变化。）

弄清楚自己曾拥有多少个性伴侣，也是十分重要的，所以为什么我们有必要对此列出一份清单了。

> ⚠️ 这份清单一定要妥善安放，不要放在男士们触手可及的地方啊！

> ⚠️ 以上的这个规则，没有任何例外的情况！

性伴侣的清单

"32个……就是这个数,比麦当娜少多了,可是,我敢说,比戴安娜王妃要多。"

这是安迪·麦克道威尔(Andie MacDowell)所饰演的女主角在电影《四个婚礼和一个葬礼》中的一段经典的台词。

那么,你的情况又是如何呢?

没有一个性伴侣:你是处女。

1到5个:哦……这和平均数差不多。

10到20个:啊……真不少……

超过20个:你一定有你的道理。

超过30个:你会觉得有些不好意思了!

超过50个:你真的没有白活!

超过150个：你就是麦当娜。

但是，不管你是哪种情况，不需要自我评价！他人都会对你作出评价的…… :）

第二十三条守则

去卫生间的时候,不要为了让人听不到你上厕所的声音,就把水龙头开着,让水一直流……没有人会上当的!都知道你在里面做什么!

蛋蛋，我爱你！

恋爱中的情侣们所不可忽视的一个问题，就是对于沉浸在爱情中的恋人们来说，他们眼中的世界仿佛只剩下了彼此。所以即使在公众场合，他们也会完全意识不到，情侣之间的亲密呢称（特别是很搞笑的）在旁人眼中会显得那么肉麻……

（和恋人说话的时候，声音常常会变得很幼稚，嗲声嗲气的，就好像自己在对着一个四岁的孩子讲话似的……）

"他叫我'我的胖妞'，我觉得这样的称呼好可爱！"

"我俩太有默契了，我叫他滴滴（TIC），他叫我嗒嗒（TAC）。"

传统型的昵称

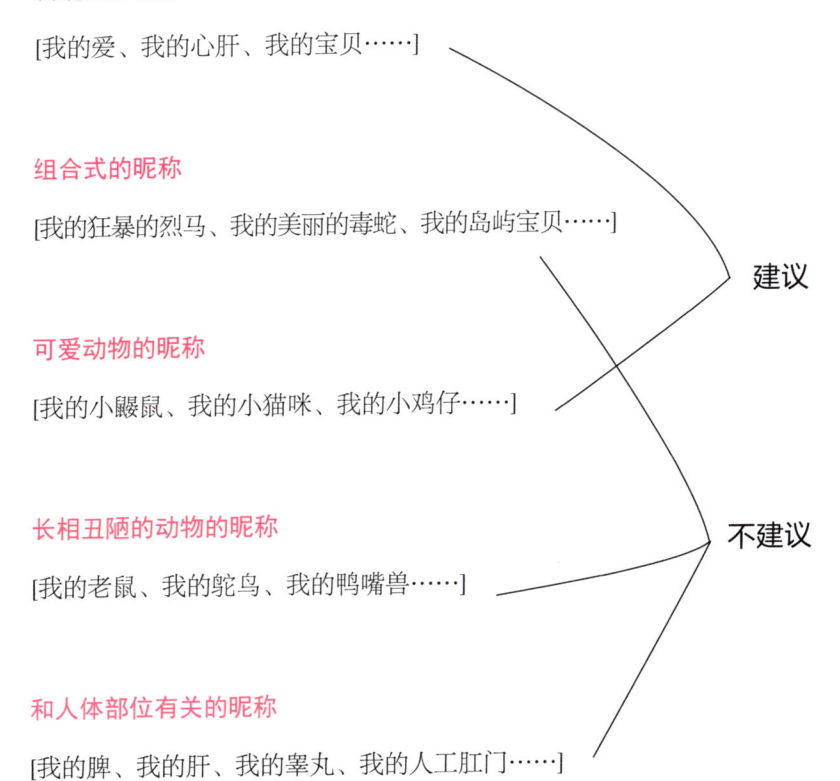

[我的爱、我的心肝、我的宝贝……]

组合式的昵称

[我的狂暴的烈马、我的美丽的毒蛇、我的岛屿宝贝……]

建议

可爱动物的昵称

[我的小鼹鼠、我的小猫咪、我的小鸡仔……]

长相丑陋的动物的昵称

[我的老鼠、我的鸵鸟、我的鸭嘴兽……]

不建议

和人体部位有关的昵称

[我的脾、我的肝、我的睾丸、我的人工肛门……]

救命啊！我的男友穿洞洞鞋！

他一定是想让我们在公众场合出丑，让我们蒙羞，让其他人觉得我们应该找到一个更有品位、更好的人，然而我们却偏偏爱上了他*。

令人不敢问津的服饰：

· **三角泳裤**（除了意大利男人和地中海俱乐部度假村的G.O.）

· **那些太显眼的名牌**［杜嘉班纳（Dolce & Gabbana）、埃德·哈迪（Ed Hardy）、威基基（Waikiki）……男孩子们，这些品牌已经不流行啦！即使带着标有这些品牌的腰带也不行。］

· **登山金属扣环**

· **玫瑰色的衣服**（除了夏季以外，在9月至4月之间都不要穿）

---

* 这是我们的朋友法妮的理论。

- 波洛领带

- 短袖男士衬衣

- 香蕉包腰包（Banane）（尤其是粘贴式的钱包）

- 幽默T恤

男士们常常会热衷于一些奇怪的服饰（完全不适合自己的帽子、印有非洲民族风情图案的旧裤子、托板鞋……）。

但是，你们不愿意接受和如此穿着打扮的男士们，在公众场合一起招摇过市。

因为在这个方面，我们和他们没有商量的余地……（狡猾的男士会找些借口："只是在家里随便穿穿！"）

你们的态度一定要坚决，丢掉那些饱受诟病的衣服吧！

禁止穿幽默T恤

婚姻
虽然不是难于登天的事情，但是要忍受婆婆！

我打嗝，我放屁，什么也不能阻止我！

美国联邦调查局（F.B.I.）女性身体的探员

退休万岁！我们终于有事可做了！

请说慢一点，我是金发女郎！

来勾勾我的小指头！

禁止！！

第二十四条守则

不要因为他长得像马修·卡索维茨（Mathieu Kassovitz），就以此为借口和精神变态交往。

我们不喜欢贝克汉姆一家

以及所有那些看起来完美无缺的家庭!

他们长相漂亮,超级有钱,孩子们也漂亮、帅气,而且他们还有一种令人非常恼火的习惯就是向我们晒幸福!

但是,现在我们想要提出一个问题:这样的夫妇真的是我们所追求的目标和梦想吗?此外,我们还会思考:难道真的存在完美的夫妻吗?

[如果你想起了钱德勒(Chandler)和莫妮卡(Monica),我们只能遗憾地告诉你,他们只是美剧《老友记》中虚构出的一对理想的恋人。]

然而,令人感到最受刺激的一个消息就是*

---

* 在得知约翰尼·德普(Johnny Depp)和凡妮莎·帕拉迪丝(Vanessa Paradis)分手的消息之后,作者们都感到不知该如何结束这一部分的写作内容了。希望你们可以理解……相信你们也能尊重她们和理解她们的痛苦。

救救我吧！我的男友是个吝啬鬼！

在一位男士的致命缺点清单之中，吝啬无疑是最糟糕的一种缺点！所以，对我们来说，尽早发现吝啬鬼就变得非常重要了！

⚠️ 注意：请不要把一毛不拔的人和一贫如洗的人混淆起来！

请在符合他的情况的选项前打勾：

☐ 他经常建议你两个人一同支付账单。

☐ 一回到家，他就把每笔花销都记在一个小记事本上。

☐ 元旦时在滑雪场自己搬运衣物（为了不支付衣物存放在更衣柜的费用）。

☐ 他提出把你买过的奇巧巧克力（KitKat）和他买过的数目凑在一

起计算积分(因为购买到100颗奇巧巧克力,就可以凭积分免费获赠一个奇巧巧克力)。

☐他在圣诞节送给你的礼物,是一张"免费爱爱的凭证"。

☐他把吃剩下的士力架留下来,等到下次再吃。

☐他觉得"如果家里本来就有可乐,还要在路上停下来买可乐喝,就要多破费了"。

测试结果:

如果你勾选了两个选项:你的男友很小气!

如果你勾选了三个选项:他可能会从你的钱包里偷偷拿钱。

如果你勾选了五个以上的选项:这样的家伙,真的没救了!

⚠️　　　在第一次约会时,女士们不应该分担账单*!

第二十五条守则

不要因为在单词结尾处加上了几个字母"a"和"i",就以为自己可以流利地讲一口意大利语了。

今晚,不得不履行伴侣义务

当另一半需要的时候,完美的女人永远会配合她的另一半,并且表现出十分乐于享受她的"伴侣的义务"。

然而我们并不是那样完美的女人!

我们会偷懒,会没有心情…… 那些从未对"投入性生活"有过丝毫懈怠的完美女人们,恐怕会最先责备我们了!

"现在就……,这样我还能有六个半小时的睡眠时间。"

"噢,不要是现在!我刚刚洗完澡!"

"我会把今天的爱爱记在记事本上,这样下次他抗议的时候,就有证明了……"

"在我不得不履行伴侣义务的时候,一边做我会一边想,在这一周剩下的日子里,就可以轻松了。"

"我们每周五做爱,这样周六我就可以看《实习医生格蕾》(*Grey's*

Anatomy)了。"

"好吧,你要快一点啊!"

作者们慷慨地和你们分享她们的想法,并且准备了可以剪裁下来供你们使用的"暂时免去一次伴侣义务的凭证"。在电视台播放你们最喜爱的连续剧的夜晚,你们可以考虑向另一半出示一张这样的凭证哦!

暂时免去一次伴侣的性义务的凭证

此凭证，从今日起有效，并且有效期一直持续到明天早晨。持有该凭证者可以暂时免去一次伴侣的性义务。

暂时免去一次伴侣的性义务的凭证

此凭证，从今日起有效，并且有效期一直持续到明天早晨。持有该凭证者可以暂时免去一次伴侣的性义务。

暂时免去一次伴侣的性义务的凭证

此凭证，从今日起有效，并且有效期一直持续到明天早晨。持有该凭证者可以暂时免去一次伴侣的性义务。

暂时免去一次伴侣的性义务的凭证

　　此凭证，从今日起有效，并且有效期一直持续到明天早晨。持有该凭证者可以暂时免去一次伴侣的性义务。

暂时免去一次伴侣的性义务的凭证

　　此凭证，从今日起有效，并且有效期一直持续到明天早晨。持有该凭证者可以暂时免去一次伴侣的性义务。

暂时免去一次伴侣的性义务的凭证

　　此凭证，从今日起有效，并且有效期一直持续到明天早晨。持有该凭证者可以暂时免去一次伴侣的性义务。

第二十六条守则

不要仅仅因为著名的主持人尼克斯·阿利亚加斯（Nikos Aliagas）在脸谱上把你加为好友,就声称自己和他是要好的朋友。

不想听到答案就不要问的问题的清单

- 桑德里娜（Sandrine），她比我好吗？
- 我长胖了吗？
- 你想我吗？
- 你觉得，这件衣服我穿上显得小吗，紧吗？
- 在我之前，你和多少女人上过床？
- 你觉得斯嘉丽·约翰逊（Scarlett Johansson）性感吗？
- 你觉得，红棕色的头发适合我吗？
- 你希望我去隆胸吗？
- 你更喜欢一个漂亮的笨姑娘，还是一个聪明的丑姑娘呢？
- 你现在还会自慰吗？
- 你怎么看待一个老头和一个年轻的姑娘在一起呢？
- 你和我做爱的时候，有没有想过其他的女人呢？

- 为了帮亚历克斯（Alex）告别单身的活动，你们去"巴塞罗那（Barcelone）"做了些什么呢*？

- 你觉得我们两个人能够天长地久地在一起吗？

（特别是如果你是和一个地中海俱乐部度假村的G.O.在一起谈恋爱的话。）

---

* 请参考第098页《如何让你的女性朋友当众下不来台？》这一章节。

唉！我有外遇了！

因为美国的某位著名政治人物的性丑闻，我们都知道了这样的一句格言："吮吸，也是外遇！"

但是，我们所不知道的是，对于外遇的种种情况，法律上还存在着一些空白。

以下的这些情况不算劈腿：

· 如果是在度假的时候发生的。

· 如果对方是女生。

· 如果那个男生的名字是以字母"o"结尾的[迭戈（Diego），巴勃罗（Pablo），罗伯托（Roberto）……]。

请根据自己的个人情况，继续填写完成这张清单：

如何知道他想和我们分手

"我怎么没有看出来!"

谁没有听过或者说过这句话呢?!

但是如果我们仔细回想一下,坦白地说,我们会发现在过去的感情中,暗示分手的种种迹象其实已经早就出现了!!

·他一边做爱一边流泪。

·他会这样叫我们:"嗨!那边的那个!"

·他删除了脸谱上"已有伴侣"的个人感情状态,据他说:"这与任何人无关!这是我们的私生活。"

·他过去叫我"心肝宝贝",现在称我"胖墩"。

·最后,我们给他发了47个短信,他都没有回复。

·他同我们握手问好。

·他更换了电话号码。

· 当他提到我们时,称我们为"室友"。

· 房间里他的个人物品,被他一点点地陆续拿走了,而且,他还把自己的名字从公寓楼里收件箱上的收件人的姓名中去掉了。

· 他要求收回他送给我们的戒指。

· 他要求我们把钥匙还给他。

· 他坚持要戴上避孕套。

· 他向我们介绍自己的新女友。

第二十七条守则

不要再吃雪了……那种黄颜色的雪。

被你伤害一次，是你的耻辱！被你伤害两次，是我的耻辱！

这个古老的谚语所表达的含义是："我被你伤害了一次，这是你的耻辱！我被你伤害了两次，这是我的耻辱！"

> 换句话说：意外总会发生，但只有一次，而不是两次！

请记住这个告诫，它会让你给自己赢得更多的时间，而且根据类似的情况，还有不同的表达方式：

爱爱一次不成功，是你的耻辱！
爱爱两次不成功，是我的耻辱！

被你骗一次,是你的耻辱!

被你骗两次,是我的耻辱!

让我错过了一次最爱看的连续剧,是你的耻辱!

让我错过了两次最爱看的连续剧,是我的耻辱!

第二十八条守则

不要因为目睹到Lady Gaga身穿一件"生牛肉裙",我们就也想给自己做一件这样的裙子。

分手短信范例

传统式　　　　　　　　　　不是你的错,而是我的错……

字谜式*　　　　　　　　　第一个单词就是字母表的第一个字母,第二个单词是耶稣的爸爸,"我的一切",是我想对你说的最后的几个单词。

戏谑式　　　　　　　　　　过时的幽默式

戏弄式　　　　　　　　　　你听后会开心的……我要离开你了!

＊　字谜的谜底：我的一切,永别了! —— 译注

笨拙式

[而你的名字是阿梅利（Amélie）]

> 蕾雅（Léa），我要和你分手！

方言式

> 我要离开你了！（巴斯克语：utzi dut）

国际通行式

> Fuck You

矫情式

> 请保重！

美国英语版的矫情做作式

> Take care

想留你作备胎的表达方式

> 我们先暂时分开一段时间吧！

虚伪式

> 我配不上你

类似电影《星球大战》里的台词

> 我们之间结束吧，因为……我是你的父亲！

类似电影《终结者》(*Terminator*)里的名言

> 我们之间结束了,但是我还会回来的!

类似拉哈·费比安(Lara Fabian)的歌曲中的歌词的表达方式

> 一切、一切、我们之间的一切都结束了

极客式(geek)的说法

> Game over!

唉，他有外遇了！

我们同情你们的遭遇，所以就不再列举女性被劈腿的统计数据了（而且可能也并不存在这样的统计数据）。

但是，如果我们保持头脑清醒的话，我们不得不承认，不幸的是，所有的女人都曾经、正在、或某一天将会：

面临他有外遇了！

意识到这一点，并不意味着要接受男人劈腿的事实，况且，原谅不原谅，其实决定权也掌握在你自己的手中……

然而让人感到有些受不了的，就是我们已经是"受害者"了，而在我们的身边，总有些"傻女人"时不时地会这样对着我们唠叨：

"如果你的男友开始关注外面的人了，那是因为他想要的在你那里没有得到满足。"

"你知道，一个男人，他有生理需要……"

"的确，在你怀孕以后，你就有点不注意形象了……"

"而且，因为工作原因，你经常不在家，他一定感到很孤单和寂寞。"

"你觉不觉得，这会和你变胖了有关系呢？"

"你也太关注孩子了……他都感觉不到自己在你心中的地位了！"

"好吧……其实，我们都怀疑过你们俩出了什么问题，而且私下里也经常议论……"

我们不知道，以上这部分的内容会引起读者们什么样的反应，但是，请对这些"傻女人"宽容一些…… 因为有一天，她们也会面临我们所遇到的情况，经历我们所经历过的事情！*

---

* 嘿嘿，到时候，我们可能会为此窃笑了！

第二十九条守则

不要再一出去旅游度假就说:"我要放下一切!就待在这里了!不愿回巴黎了!"

分手：痛苦的七个阶段

分手的时候，总是让人感到很痛苦。还有什么比失去心爱的人更令人感到痛心的呢？虽然我们每个人都曾有过这样的感受："我们的情况和别人的不一样……"或者"别人一定不能理解自己的痛苦！"。或者甚至是"我们不会再爱上别人了，这次分手之后，感觉自己不会再去爱了！"。

但是有一件事情，我们可以确定，就是每个人分手时都会经历以下的这些阶段：

著名的瑞士籍德国心理学家**伊丽莎白·库伯勒-罗斯**（Elisabeth Kübler-Ross）观察并总结出了分手时所要经历的痛苦的七个阶段。

1. 打击
2. 否认
3. 愤怒
4. 悲伤

5.妥协

6.接纳

7.重建

表达得更清楚明了一些,就是:

1."噢,我的上帝,于连(Julien)和我分手了!!"

2."事实上,他并不是真的要离开我,我们只是暂时地分开一段时间。"

3."我一定要让他为此付出代价!"

4."我难过得快要死了……"

5. "两个人分开,这样或许更好……"

6."你知道吗,他这样做,会成就了我!"

7."我刚刚在交友网站上注册了。"

分手：痛苦的七个阶段（作者们的版本）

伊丽莎白·库伯勒-罗斯女士，请您别见怪，您的分析理论性太强……所以，大家不妨试一试我们的分手时痛苦的七个阶段的版本：

1. "莫吉托朗姆酒"的阶段："姐妹们！今晚我要一醉方休！"
2. "错过了我会让他感到后悔"的阶段："明天，我要去见他，而且要打扮得美爆了，还要表现得非常宽宏大量！"
3. "复仇"的阶段。"我要和他的朋友保罗睡觉，就是为了气他！"
4. "精神萎靡不振"的阶段。"唉，现在的我听拉哈·菲比安（Lara Fabian）的伤感的情歌特别有感觉。"
5. "最后怀念"的阶段。"我去了丝芙兰（Sephora），想要闻一闻他用过的香水的味道。"
6. "为了新生活变换新形象"的阶段。"我要把头发染成金色的！"
7. "想度假"的阶段。"姑娘们！我们去地中海俱乐部度假一周吧！"

对待前任的规则

"不要再觊觎你的女性朋友的前男友了*！"

《马蒂娜（Martine）的福音书》

（据说这本福音书差一点在一次搬家的过程中被弄丢了。）

我们的女性朋友的前男友们，以及和她们家有三代以内亲属关系的家庭成员，都是我们禁止恋爱交往的对象。

> 例外：
>
> · 如果这个女孩子已经在和你的前男友或者你的家庭成员交往了。
>
> · 如果你和这个女孩子只有一面之缘。
>
> · 如果这个女孩子真的很白痴。

---

* 觊觎 = 勾引

第三十条守则

不要再说"我有一个大屁股",而应该说"我拥有着一个和詹妮佛·洛佩茨(Jennifer Lopez)一样的臀部。"

谢辞

首先要感谢"哇喔女孩们",感谢赛利纳(Céline)、普吕纳(Prunes)、奥黛丽(Audrey)、加艾塔那(Gatane),感谢她们的友谊,感谢本杰(Benj)、阿雷克(Arek)、拉夫(Raph)和法妮(Fanny),感谢"幽默的不完美女孩俱乐部"的成员们,然后要感谢克里斯蒂娜·贝鲁*(Christine Berrou)、贝伦热蕾·克里夫(Bérengère Krief)、娜迪亚·罗兹(Nadia Roz)、尼古拉·维塔尔(Nicolas Vital),还要感谢纳比拉(Nabila)的支持,克里斯托夫·阿卜茨(Christophe Absi)的信任,感谢所有带给了我们创作灵感的人们,他们一定在书中可以找到自己!

---

* 在此声明:在本书的写作过程中,没有动物受到伤害。